要点付き演習書 微分積分学

—自力で解くための実力養成問題集—

西 郷 達 彦・佐 藤 眞 久・宮 原 大 樹

共 著

$$z = \sin x \sin y \sin(x + y)$$

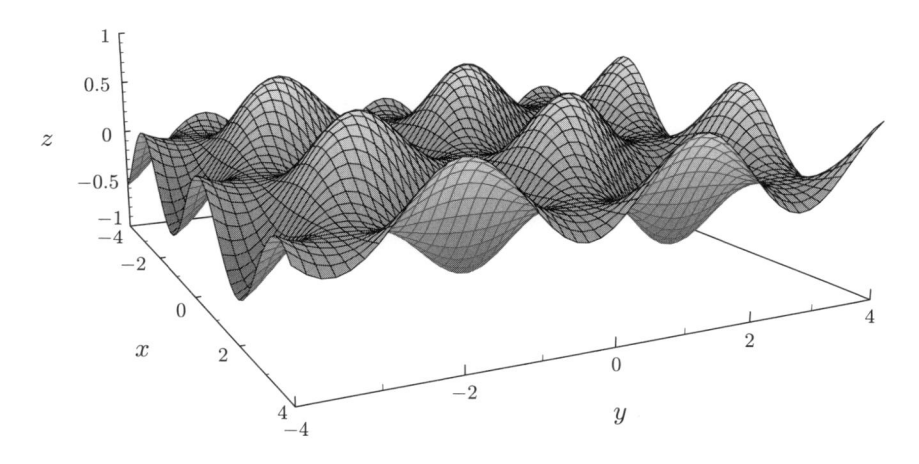

学術図書出版社

まえがき

　本書は1変数および多変数関数の微分積分学の教科書の重要事項を各項ごとにまとめ，この内容の理解と計算の習熟を図るための演習書である．本書の特徴は，微分積分学の演習の授業のテキストとして利用されることを想定して，解答は答えのみを簡潔に記述した点である．これにより，多くの演習書における，解答が詳細すぎて演習の授業に採用しにくいという欠点を取り除いた．その結果，本書の問題を自力で解くことで，数学の実力をかなりの程度養成し高めることができるであろう．

　微分積分学は工学・理学の基礎であり，今後学んでいく多くの科目で微分積分学の結果と発想が必要となってくる．自然科学を理解する上で，言語としての役目を数学が担っており，数学を通して諸々の内容が記述され，理解されていく．そのため，全ての大学の理系学部において，初年次に微分積分学を学ぶことになっている．今後の学習や研究のためにも，教科書と併せて本書の内容を理解し，演習問題を自力で解くことで，是非とも早い段階で微分積分学を修得してほしい．

　微分積分学では，理論的な思考と計算の技術は車の両輪の関係と同じで，両者を適当なバランスをもって展開することで効果が発揮される．理論が基礎になって計算が実現され，さらにその計算を用いて新たな理論を作り出す，というサイクルを生み出す．

　本書では，理論的な部分については重要事項のみを要約して取り上げ，詳細は教科書を参照する形式にしてあり，基本的な計算に習熟してもらうことを主要な目的としている．本書で要求される基本的計算に習熟すれば，その基礎となる理論についても十分な理解がえられるであろう．その為には，本書での勉強後，是非とも再度教科書に立ち戻って，理論と計算技術を合わせた完全な理解を図ってほしい．その過程を通じて，将来専門科目の中で出会うであろう未知の問題に取り組むための実力が自然と付いてくるであろう．

　本書の構成の概観を述べよう．まず，各章の初めに基本的な内容を要約して載せてある．最低限これらの内容は理解して欲しい．必要なら教科書まで戻って調べてみよう．問題を解く前に，定義と主な定理については理解し，思考の基となる公式は覚えておかなければならない．また，問題を解いている最中に，定義や定理の理解や記憶に曖昧さがあれば，何度でも基本事項に立ち戻って参照し直して確認する必要がある．この繰り返しは，必ずや良い成果を生み出すであろう．

　次に，例題として各章の基本的な問題が配置され，その解説がなされている．できればノートなどに書き写して，解答を見ないでも完全に解答が再現できるようにしたい．この段階で，基本事項の理解について多少でも不安があれば，各節での解説や教科書を参照して，十分に基礎を固めてほしい．

　基本問題には，例題を理解していれば，それを手本に容易に解ける問題が用意されている．これらは全問解く必要がある．標準問題には，多少の工夫が必要な問題が用意されている．学習内容の定着に必要なので，これらも時間を掛けてでも全問解かなくてはならない．これらの問題に取り組むにあたり，同様の問題を出された時には自在に解けるだけの習熟を図ることが必要であることを肝に銘じて取り組んで欲しい．単に答えが合えばそれで良いというだけでは，本質を理解し習熟を図るには不十分である．

　真の実力を付けるための問題の解き方にはコツがある．問題を解くときに，出来るだけ答えを見ないようにする必要がある．工夫すべき点や苦労するポイントは，自ら解かないと見いだせないので，答えを見ると簡単に見えてしまう．いざ，試験に臨むと思ったより出来ないという諸氏は，この点を改善することで良い結果を生むであろう．

　どうしても解らなくて答えを見る場合でも，最低一日は教科書を見るなりして自分で考えて欲しい．解らないながらも解き方をいろいろと考え工夫し，定義や定理あるいは例題などを見直す過程で，知識が有機的に結びつき実力が付くのであって，すぐに答えを見ると折角の良い勉強の機会を逃してしまう．更に大きなメリットととして，考える習慣を付けることは，専門科目を勉強するとき出会うであろう種々の新しい内容を理解するのに，大きな力になるであろう．

　発展問題には，やや難しい問題を配置した．ここでは計算技術のみでなく，理論や概念について深く理解を問われる問題が多い．これらの問題を，時間を掛けジックリ考え解決しようとする過程を通じて，相応の実力が付

くであろう．最後に補充問題として総合的な問題を配置した．必ずしも全て完全に解けなくてもよいが，できる限り自分で取り組み，必要なら数学の教員や数学相談窓口などで質問をして，答えを出してほしい．これにより，今までに無い充実感と達成感が味わえるであろう．

　本書の発刊にあたり，問題を丹念に解いて多くの指摘や助言を頂いた山梨大学工学部基礎教育センターの小林正樹先生，坂野斎先生，山浦浩太先生および山梨大学工学部非常勤講師の宿沢修先生，依田賢先生，本書の出版を快く引き受けて頂いた学術図書の高橋秀治氏に深く感謝の意を表したい．

西郷達彦・佐藤眞久・宮原大樹
2015 年 1 月

目 次

第1章　基本事項

1. 順列，組合せ，二項定理

(1) $_n\mathrm{P}_r = \dfrac{n!}{r!} = n$ 個のものから r 個を取り出し並べる並べ方 (順列) の個数

(2) $_n\mathrm{C}_r = \dfrac{n!}{(n-r)!r!} = n$ 個のものから r 個を取り出す取り出し方 (組合せ) の個数

(3) 二項定理
$$(a+b)^n = {}_n\mathrm{C}_0 a^n b^0 + {}_n\mathrm{C}_1 a^{n-1} b^1 + \cdots + {}_n\mathrm{C}_k a^{n-k} b^k + \cdots + {}_n\mathrm{C}_n a^0 b^n$$

(4) パスカルの三角形 $_n\mathrm{C}_k = {}_{n-1}\mathrm{C}_{k-1} + {}_{n-1}\mathrm{C}_k,\ 1 \le k \le n$

```
      1                    ₀C₀              (x+y)⁰              1
     / \                  / \                                 x/ \y
    1   1               ₁C₀  ₁C₁            (x+y)¹             x    y
   /\ /\               /\    /\                               x/\y x/\y
  1  2  1            ₂C₀  ₂C₁  ₂C₂          (x+y)²           x²  2xy  y²
 /\ /\ /\            /\   /\   /\                           x/\y x/\y x/\y
1  3  3  1        ₃C₀  ₃C₁  ₃C₂  ₃C₃        (x+y)³         x³ 3x²y 3xy² y³
/\ /\ /\ /\       /\    /\    /\    /\                     x/\y x/\y x/\y x/\y
1  4  6  4  1   ₄C₀ ₄C₁ ₄C₂ ₄C₃ ₄C₄        (x+y)⁴    x⁴ 4x³y 6x²y² 4xy³ y⁴
```

2. 総和

$\sum$ の意味： $\displaystyle\sum_{k=1}^{5} a_k = a_1 + a_2 + a_3 + a_4 + a_5,\quad \sum_{k=1}^{n} a_k = a_1 + a_2 + \cdots + a_n$

自然数のべき乗の公式： $\displaystyle\sum_{k=1}^{n} k = \frac{n(n+1)}{2},\quad \sum_{k=1}^{n} k^2 = \frac{1}{6}n(n+1)(2n+1),\quad \sum_{k=1}^{n} k^3 = \left(\frac{n(n+1)}{2}\right)^2$

3. 三角関数の公式

(1) 加法定理 (複号同順)
$$\sin(A \pm B) = \sin A \cos B \pm \cos A \sin B$$
$$\cos(A \pm B) = \cos A \cos B \mp \sin A \sin B$$
$$\tan(A \pm B) = \frac{\tan A \pm \tan B}{1 \mp \tan A \tan B}$$

(2) 倍角公式
$$\sin 2A = 2\sin A \cos A$$
$$\cos 2A = \cos^2 A - \sin^2 A = 2\cos^2 A - 1 = 1 - 2\sin^2 A$$
$$\tan 2A = \frac{2\tan A}{1 - \tan^2 A}$$

(3) 半角公式
$$\sin^2 \frac{A}{2} = \frac{1 - \cos A}{2}$$
$$\cos^2 \frac{A}{2} = \frac{1 + \cos A}{2}$$
$$\tan^2 \frac{A}{2} = \frac{1 - \cos A}{1 + \cos A}$$

(4) 和積公式

$$\sin A + \sin B = 2 \sin \frac{A+B}{2} \cos \frac{A-B}{2}$$

$$\sin A - \sin B = 2 \cos \frac{A+B}{2} \sin \frac{A-B}{2}$$

$$\cos A + \cos B = 2 \cos \frac{A+B}{2} \cos \frac{A-B}{2}$$

$$\cos A - \cos B = -2 \sin \frac{A+B}{2} \sin \frac{A-B}{2}$$

(5) 積和公式

$$\sin A \cos B = \frac{1}{2} \{\sin(A+B) + \sin(A-B)\}$$

$$\cos A \cos B = \frac{1}{2} \{\cos(A+B) + \cos(A-B)\}$$

$$\sin A \sin B = -\frac{1}{2} \{\cos(A+B) - \cos(A-B)\}$$

(6) 逆三角関数

$$y = \sin^{-1} x \ \left(-1 \leqq x \leqq 1, -\frac{\pi}{2} \leqq y \leqq \frac{\pi}{2}\right) \iff x = \sin y$$

$$y = \cos^{-1} x \ \left(-1 \leqq x \leqq 1, 0 \leqq y \leqq \pi\right) \iff x = \cos y$$

$$y = \tan^{-1} x \ \left(-\infty \leqq x \leqq \infty, -\frac{\pi}{2} \leqq y \leqq \frac{\pi}{2}\right) \iff x = \tan y$$

$$\sin^{-1} x + \cos^{-1} x = \frac{\pi}{2}$$

4. 指数・対数

逆関数　　　　正の実数 $a \neq 1, t$ および実数 s において

$$a^s = t \iff s = \log_a t$$

指数法則　　　正の実数 a, b および実数 s, t において

$$a^s a^t = a^{s+t}, \ \frac{a^s}{a^t} = a^{s-t}$$

$$(a^s)^t = a^{st}$$

$$(ab)^s = a^s b^s, \ \left(\frac{a}{b}\right)^s = \frac{a^s}{b^s}$$

対数法則および底の変換　　　正の実数 $a \neq 1, b \neq 1, u, v$ において

$$\log_a uv = \log_a u + \log_a v, \ \log_a \frac{v}{u} = \log_a v - \log_a u$$

$$\log_a u^s = s \log_a u$$

$$\log_a s = \frac{\log_b s}{\log_b a}$$

5. 部分分数分解

$\dfrac{多項式}{多項式}$ は必ず次の形の部分分数の和に表すことができる.

$$\frac{k_1}{(x-a)}, \frac{k_2}{(x-a)^2}, \cdots, \frac{k_m}{(x-a)^m} \qquad (x-a)^m が分母の因数にあるとき$$

$$\frac{\ell_1 x + \gamma_1}{(x-b)^2 + c^2}, \frac{\ell_2 x + \gamma_2}{\{(x-b)^2 + c^2\}^2}, \cdots, \frac{\ell_n x + \gamma_n}{\{(x-b)^2 + c^2\}^n} \qquad \{(x-b)^2 + c^2\}^n が分母の因数にあるとき$$

実際の計算では未定係数法を用いて k_i, ℓ_i, γ_i を求めることが多い.

1.1 例題

1. $(x+3)^5$ について x^4 の係数を求めよ.

   (解) 二項定理より x^4 の項は $_5\mathrm{C}_1 x^4 \cdot 3^1 = 15x^4$ となるので係数は 15.

2. $\displaystyle\sum_{k=1}^{5}(2k+3)$ の値を求めよ.

   (解) $\displaystyle\sum_{k=1}^{5}(2k+3) = (2 \times 1 + 3) + (2 \times 2 + 3) + (2 \times 3 + 3) + (2 \times 4 + 3) + (2 \times 5 + 3) = 45.$

   (別解) $\displaystyle\sum_{k=1}^{5}(2k+3) = 2\sum_{k=1}^{5}k + \sum_{k=1}^{5}3 = 2 \cdot \frac{5 \times (5+1)}{2} + 3 \times 5 = 45.$

3. 加法定理を用いて $\sin\dfrac{\pi}{12}$ を求めよ.

   (解) $\sin\dfrac{\pi}{12} = \sin\left(\dfrac{\pi}{3} - \dfrac{\pi}{4}\right) = \sin\dfrac{\pi}{3}\cos\dfrac{\pi}{4} - \sin\dfrac{\pi}{4}\cos\dfrac{\pi}{3} = \dfrac{\sqrt{6} - \sqrt{2}}{4}.$

4. $0 \leqq x < 2\pi$ において方程式 $\sin 2x = \sin x$ を解け.

   (解) 倍角公式から $2\sin x\cos x - \sin x = \sin x(2\cos x - 1) = 0$ となる. よって $x = 0, \dfrac{\pi}{3}, \pi, \dfrac{5\pi}{3}.$

5. 半角公式を用いて $\sin\dfrac{\pi}{8}$ の値を求めよ.

   (解) 式の値は正になるので $\sin\dfrac{\pi}{8} = \sqrt{\dfrac{1 - \cos\frac{\pi}{4}}{2}} = \dfrac{\sqrt{2 - \sqrt{2}}}{2}.$

6. 和積公式を用いて $\sin\dfrac{5\pi}{12} - \sin\dfrac{\pi}{12}$ の値を求めよ.

   (解) $\sin\dfrac{5\pi}{12} - \sin\dfrac{\pi}{12} = 2\cos\dfrac{\frac{5\pi}{12} + \frac{\pi}{12}}{2}\sin\dfrac{\frac{5\pi}{12} - \frac{\pi}{12}}{2} = 2\cos\dfrac{\pi}{4}\sin\dfrac{\pi}{6} = \dfrac{\sqrt{2}}{2}.$

7. 積和公式を用いて $\sin\dfrac{\pi}{12}\cos\dfrac{5\pi}{12}$ の値を求めよ.

   (解) $\sin\dfrac{\pi}{12}\cos\dfrac{5\pi}{12} = \dfrac{1}{2}\left\{\sin\left(\dfrac{\pi}{12} + \dfrac{5\pi}{12}\right) + \sin\left(\dfrac{\pi}{12} - \dfrac{5\pi}{12}\right)\right\} = \dfrac{1}{2}\left\{\sin\dfrac{\pi}{2} - \sin\dfrac{\pi}{3}\right\} = \dfrac{2 - \sqrt{3}}{4}.$

8. $\sin^{-1}\dfrac{\sqrt{2}}{2}$ を求めよ.

   (解) $-\dfrac{\pi}{2} \leqq x \leqq \dfrac{\pi}{2}$ で, $\sin x = \dfrac{\sqrt{2}}{2}$ となるのは $x = \dfrac{\pi}{4}$ より, $\sin^{-1}\dfrac{\sqrt{2}}{2} = \dfrac{\pi}{4}.$

9. $a^x = y$ を対数の形で書け.

   (解) 対数の定義は, $a^x = y$ において y を独立変数とし x を従属変数としたときの関係なので $x = \log_a y.$

10. $2^x = 3^{ax}$ が恒等式となるように a を定めよ.

    (解) 両辺の対数をとると $x\log 2 = ax\log 3$ となる. よって $x(a\log 3 - \log 2) = 0$ となるので, $a = \dfrac{\log 2}{\log 3}.$

11. $\log_2 x = b\log_3 x$ が恒等式となるように b を定めよ.

    (解) 底の変換公式より, $\log_2 x = \dfrac{\log_3 x}{\log_3 2}$ なので $b = \dfrac{1}{\log_3 2}.$

12. $\dfrac{3x - 2}{2x^2 - x - 3}$ を未定係数法を用いて部分分数に分解せよ.

    (解) $2x^2 - x - 3 = (2x - 3)(x + 1)$ なので $\dfrac{3x - 2}{2x^2 - x - 3} = \dfrac{a}{2x - 3} + \dfrac{b}{x + 1}$ と分解できる. 右辺を通分して分子は $(a + 2b)x + (a - 3b) = 3x - 2$ となるので連立1次方程式 $a + 2b = 3, a - 3b = -2$ を解いて, $a = 1, b = 1$ となる. よって $\dfrac{3x - 2}{2x^2 - x - 3} = \dfrac{1}{2x - 3} + \dfrac{1}{x + 1}.$

1.2 基本問題

1. $(x-3)^5$ について x^3 の係数を求めよ.

2. $\displaystyle\sum_{k=1}^{5}(3k+7)$ の値を求めよ.

3. 加法定理を用いて $\sin\dfrac{5\pi}{12}$ の値を求めよ.

4. $\sin\theta=-\dfrac{1}{3}$ のとき $\cos 2\theta$ を求めよ.

5. 半角公式を用いて $\tan\dfrac{\pi}{8}$ の値を求めよ.

6. 和積公式を用いて $\cos\dfrac{7\pi}{12}-\cos\dfrac{\pi}{12}$ の値を求めよ.

7. 積和公式を用いて $\sin\dfrac{\pi}{4}\sin\dfrac{5\pi}{12}$ の値を求めよ.

8. $\sin^{-1}\dfrac{\sqrt{3}}{2},\cos^{-1}\dfrac{1}{\sqrt{2}}$ の値を求めよ.

9. $y=3^{4x}$ を底が 3 の対数関数の形で表せ.

10. $y=3^{2x}$ を 5 を底とする指数に直せ.

11. $\dfrac{x-3}{6x^2-x-1}$ を部分分数に分解せよ.

12. $\dfrac{-x}{2x^2+7x+6}$ を部分分数に分解せよ.

1.3 標準問題

1. $(3x+4)^7$ について x^5 の係数を求めよ.

2. $\displaystyle\sum_{k=1}^{5}(2k^2+k+5)$ の値を求めよ.

3. 正弦と余弦の加法定理を用いて正接の加法定理を示せ.

4. $0 \leqq x \leqq \pi$ とする. 不等式 $\cos 2x \leqq 3\sin x - 1$ を解け.

5. $\sin\dfrac{\pi}{16}$ の値を求めよ.

6. $0 \leqq x \leqq \pi$ とする. 方程式 $\sin x + \sin 2x + \sin 3x = 0$ を解け.

7. $\sin^{-1} x + \cos^{-1} x = \dfrac{\pi}{2}$ を示せ.

8. $\dfrac{3x^2 - 9x - 3}{x^3 - 3x^2 + 4}$ を部分分数に分解せよ.

9. $\dfrac{x^2 - 11x + 15}{x^3 - 3x^2 + 4}$ を部分分数に分解せよ.

1.4 発展問題

1. $\displaystyle\sum_{k=1}^{n} k^2 = \frac{n(n+1)(2n+1)}{6}$ を示せ.

2. $(x^2 + 3x + 2)^5$ について x^8 の係数を求めよ.

3. 三角関数の倍角公式, 半角公式, 和積公式, 積和公式を加法定理から導け.

4. 逆三角関数 $y = \sin^{-1} x, y = \cos^{-1} x, y = \tan^{-1} x$ の各々のグラフを描け.

5. $\dfrac{1}{(x+1)(x^2+2)^2}$ を部分分数に分解せよ.

1.5 補充問題

1. $\dfrac{1}{4} \leqq x \leqq 1$ で定義された関数

$$y = (\log_{\frac{1}{2}} x)^2 - \frac{1}{2} \log_{\frac{1}{2}} x^2 + 1$$

を考える．このとき，以下の各問に答えよ．

   (1) $\log_{\frac{1}{2}} x = t$ と置くとき，t の値の範囲を求めよ．

   (2) y を t の式で表せ．

   (3) y の最大値および最小値を求めよ．また，そのときの x の値を求めよ．

2. 定数 θ が $0 < \theta < \dfrac{\pi}{2}$ を満たし，$\tan 2\theta = \dfrac{4}{3}$ であるとする．このとき，$\sin\theta, \cos\theta, \tan\theta$ の値をそれぞれ求めよ．

第2章　数列と極限

1. 等差数列 $\{a_n\}$

$$\text{漸化式}: a_{n+1} = a_n + d, \quad \text{一般項}: a_n = a_1 + (n-1)d$$

等差数列の和の公式

$$S_n = \sum_{k=1}^{n} a_k = \frac{n(a_1 + a_n)}{2}$$

2. 等比数列 $\{b_n\}$

$$\text{漸化式}: b_{n+1} = r b_n, \quad \text{一般項}: b_n = r^{n-1} b_1$$

等比数列の和の公式

$$S_n = \sum_{k=1}^{n} b_k = \frac{b_1(1 - r^n)}{1 - r}$$

3. 極限

n を限りなく大きくしたとき a_n が一定の値 α に近づくとする．このとき， $\boxed{\alpha = \lim_{n \to \infty} a_n}$ と書く．

この意味は $|a_n - \alpha|$ が限りなく小さくなることである．

4. 単調増加　　$a_1 < a_2 < a_3 < \cdots < a_n < \cdots$

単調減少　　$a_1 > a_2 > a_3 > \cdots > a_n > \cdots$

広義単調増加　$a_1 \leqq a_2 \leqq a_3 \leqq \cdots \leqq a_n \leqq \cdots$

広義単調減少　$a_1 \geqq a_2 \geqq a_3 \geqq \cdots \geqq a_n \geqq \cdots$

5. 上に有界　　定数 K が存在して $a_1, a_2, a_3, \ldots \leqq K$

下に有界　　定数 K が存在して $a_1, a_2, a_3, \ldots \geqq K$

6. 自然対数の底

$$e = \lim_{n \to \infty} \left(1 + \frac{1}{n}\right)^n \fallingdotseq 2.718281828\ldots.$$

7. 極限と計算の順序交換

$\lim_{n \to \infty} a_n, \lim_{n \to \infty} b_n$ がそれぞれ収束するとき，次のように演算と極限をとる順番は入れ替えることができる．

$$\lim_{n \to \infty} (p a_n \pm q b_n) = p \lim_{n \to \infty} a_n \pm q \lim_{n \to \infty} b_n \quad \text{(複号同順)}$$

$$\lim_{n \to \infty} a_n b_n = \left(\lim_{n \to \infty} a_n\right)\left(\lim_{n \to \infty} b_n\right)$$

$$\lim_{n \to \infty} \frac{a_n}{b_n} = \frac{\lim_{n \to \infty} a_n}{\lim_{n \to \infty} b_n} \ (\text{ただし} \lim_{n \to \infty} b_n \neq 0)$$

8. はさみうちの原理

すべての n について，$a_n \leqq c_n \leqq b_n$ が成り立っているとき

$$\lim_{n \to \infty} a_n = \lim_{n \to \infty} b_n = \alpha \text{ ならば } \lim_{n \to \infty} c_n = \alpha \text{ である．}$$

2.1 例題

1. 初項 3, 公差 2 の等差数列 $\{a_n\}$ の一般項を求め, さらに第 100 項までの和 S を求めよ.

(解) 一般項は $a_n = 3 + 2(n-1)$ であり, 和は $S = \dfrac{100(a_1 + a_{100})}{2} = 10200$.

2. 初項 3, 公比 2 の等比数列 $\{b_n\}$ の一般項を求め, さらに第 100 項までの和 S を求めよ.

(解) 一般項は $b_n = 3 \cdot 2^{n-1}$ であり, 和は $S = \dfrac{3(1 - 2^{100})}{1 - 2} = 3(2^{100} - 1)$.

3. $\displaystyle\lim_{n \to \infty} (n^2 - 2n)$ を求めよ.

(解) $n^2 - 2n = n(n-2)$ となるが $n > 3$ で $n - 2 > 1$ となるので $\displaystyle\lim_{n \to \infty} (n^2 - 2n) \geqq \lim_{n \to \infty} n = \infty$.

4. $\displaystyle\lim_{n \to \infty} \dfrac{2n + 5}{n + 2}$ を求めよ.

(解) $\displaystyle\lim_{n \to \infty} \dfrac{2n + 5}{n + 2} = \lim_{n \to \infty} \dfrac{2 + \frac{5}{n}}{1 + \frac{2}{n}} = \dfrac{\displaystyle\lim_{n \to \infty} \left(2 + \frac{5}{n}\right)}{\displaystyle\lim_{n \to \infty} \left(1 + \frac{2}{n}\right)} = 2$.

5. $\displaystyle\lim_{n \to \infty} \dfrac{3^n}{4^n + 2^n}$ を求めよ.

(解) $\displaystyle\lim_{n \to \infty} \dfrac{3^n}{4^n + 2^n} = \lim_{n \to \infty} \dfrac{\left(\frac{3}{4}\right)^n}{\left(\frac{4}{4}\right)^n + \left(\frac{2}{4}\right)^n} = \dfrac{\displaystyle\lim_{n \to \infty} \left(\frac{3}{4}\right)^n}{\displaystyle\lim_{n \to \infty} \left(\frac{4}{4}\right)^n + \lim_{n \to \infty} \left(\frac{2}{4}\right)^n} = 0$.

6. $\displaystyle\lim_{n \to \infty} \left(\sqrt{n + 2} - \sqrt{n + 1}\right)$ を求めよ.

(解) $\displaystyle\lim_{n \to \infty} \left(\sqrt{n + 2} - \sqrt{n + 1}\right) = \lim_{n \to \infty} \dfrac{\left(\sqrt{n + 2} - \sqrt{n + 1}\right)\left(\sqrt{n + 2} + \sqrt{n + 1}\right)}{\left(\sqrt{n + 2} + \sqrt{n + 1}\right)}$
$= \dfrac{1}{\displaystyle\lim_{n \to \infty} \left(\sqrt{n + 2} + \sqrt{n + 1}\right)} = 0$.

7. $\displaystyle\lim_{n \to \infty} \left(1 + \dfrac{3}{n}\right)^{2n}$ を求めよ.

(解) $n = 3m$ とおくと $\displaystyle\lim_{n \to \infty} \left(1 + \dfrac{3}{n}\right)^{2n} = \lim_{m \to \infty} \left(1 + \dfrac{1}{m}\right)^{6m} = \lim_{m \to \infty} \left\{\left(1 + \dfrac{1}{m}\right)^m\right\}^6 = e^6$.

8. $\displaystyle\lim_{n \to \infty} \dfrac{\sin n^2}{n}$ を求めよ.

(解) $-1 \leqq \sin n^2 \leqq 1$ なので $-\dfrac{1}{n} \leqq \dfrac{\sin n^2}{n} \leqq \dfrac{1}{n}$ となり, $\dfrac{1}{n}$ は $n \to \infty$ で 0 に収束するので, はさみうちの原理より極限は $\displaystyle\lim_{n \to \infty} \dfrac{\sin n^2}{n} = 0$.

極限の計算の基本

1. 前ページの 7 が使えるよう式変形を行ってから計算をする. 例題 4, 5, 6 が典型例である.

2. 既存の公式を利用して計算する. 例題 7 が典型例である.

2.2 基本問題

1. 初項 4，公差 -3 の等差数列 $\{a_n\}$ の一般項を求め，さらに第 100 項までの和 S を求めよ．

2. 初項 -3，公比 -2 の等比数列 $\{b_n\}$ の一般項を求め，さらに第 100 項までの和 S を求めよ (ただし答えは指数の形のままでよい).

3. $\displaystyle \lim_{n \to \infty} (3n - n^2)$ を求めよ．

4. $\displaystyle \lim_{n \to \infty} \left(\sqrt{2n+1} - \sqrt{n} \right)$ を求めよ．

5. $\displaystyle \lim_{n \to \infty} \left(\sqrt{2n+1} - \sqrt{2n-1} \right)$ を求めよ．

6. $\displaystyle \lim_{n \to \infty} \frac{3^{n+2}}{4^n - 2^n}$ を求めよ．

7. $\displaystyle \lim_{n \to \infty} \frac{\sqrt{n+4} - \sqrt{n+3}}{\sqrt{n+1} - \sqrt{n+2}}$ を求めよ．

8. $\displaystyle \lim_{n \to \infty} \left(\sqrt{n^2 + n} - n \right)$ を求めよ．

9. $\displaystyle \lim_{n \to \infty} \left(1 + \frac{2}{n} \right)^{3n}$ を求めよ．

10. $\displaystyle \lim_{n \to \infty} \frac{\cos^2 n^2}{n}$ を求めよ．

2.3　標準問題

1. 数列 $\{a_n\}$ は初項 4 で，階差数列 $\{a_{n+1} - a_n\}$ が初項 2, 公差 3 の等差数列となっている．$\{a_n\}$ の一般項を求めよ．

2. 数列 $\{a_n\}$ は初項 4 で，階差数列 $\{a_{n+1} - a_n\}$ が初項 2, 公比 3 の等比数列となっている．$\{a_n\}$ の一般項を求めよ．

3. $\displaystyle \lim_{n \to \infty} \frac{\sqrt{2n+2} - \sqrt{n+1}}{\sqrt{6n+5} - \sqrt{3n+2}}$ を求めよ．

4. $\displaystyle \lim_{n \to \infty} \left(\frac{1}{1 \cdot 2} + \frac{1}{2 \cdot 3} + \cdots + \frac{1}{n(n+1)} \right)$ の値を求めよ．

5. 循環小数 $2.1\dot{3}1\dot{2} = 2.13123123123\cdots$ を分数を用いて表せ．

6. 二項定理を用いて，数列 $\left\{ \left(1 + \dfrac{1}{n} \right)^n \right\}$ が単調増加で上に有界であることを示し，この数列が収束することを示せ．

2.4 発展問題

1. 等差数列の和の公式を導け.

2. 等比数列の和の公式を導け.

3. 数列 $\{x^n(1+x)^n\}$ が収束する x の範囲を求めよ.

4. 数列 $\{a_n\}$ が,すべての n で $a_n > 0$ かつ $\displaystyle\lim_{n\to\infty}\frac{a_{n+1}}{a_n} = r$ となるとき,$r < 1$ ならば $\displaystyle\lim_{n\to\infty} a_n = 0$ となり,$r > 1$ ならば $\displaystyle\lim_{n\to\infty} a_n = \infty$ となることを示せ.

5. k を定数とする.数列 $\{a_n\}$ がすべての n について,$|a_{n+1}| \leqq k|a_n|$ $(-1 < k < 1)$ となるとき,$\displaystyle\lim_{n\to\infty} a_n = 0$ となることを示せ.また,すべての n について,$k|a_n| \leqq |a_{n+1}|$ $(k > 1)$ となるとき,$\displaystyle\lim_{n\to\infty} |a_n| = \infty$ となることを示せ.

2.5 補充問題

1. $a_n = \dfrac{20^n}{(n!)^2}$ で定まる数列 $\{a_n\}$ について，a_n が最大になる n を求めよ．

2. 自然数 n と $0 < p < 1$ を満たす実数 p に対し，数列 $\{a_k\}\,(1 \leqq k \leqq n)$ を $a_k = {}_n\mathrm{C}_k\, p^k (1-p)^{n-k}$ とする．a_k が最大値をとる k の値を求めよ．

3. 自然数 n と $0 < p < 1$ を満たす実数 p に対し，次の各々の値を求めよ．

   (1) $\displaystyle\sum_{k=0}^{n} {}_n\mathrm{C}_k\, p^k (1-p)^{n-k}$

   (2) $\displaystyle\sum_{k=0}^{n} k \cdot {}_n\mathrm{C}_k\, p^k (1-p)^{n-k}$

第3章　関数と極限

1. 関数

    (1) 集合 U の元に集合 V の元を 1 つ対応させる規則 f を関数と呼び，$f : U \to V$ と書く.

    (2) このとき，U を f の定義域，V を f の終域，f の値全体の集合を値域という.

    (3) $U \ni u$ に対応する V の元 v を $f(u)$ と書き，関数を $v = f(u)$ と書くこともある.

    (4) このとき，u を独立変数，v を従属変数とよぶ. u, v の代わりに x, y を用いて $y = f(x)$ と書くことが多い.

2. 関数の極限

    x を a に近づけたとき，$f(x)$ が一定の値 α に近づくとする. このとき，$\boxed{\alpha = \lim_{x \to a} f(x)}$ と書く.

3. よく用いられる極限の公式

$$\lim_{x \to 0} \frac{\sin x}{x} = 1$$
$$\lim_{x \to 0} \frac{e^x - 1}{x} = 1$$
$$\lim_{x \to 0} \frac{\log(1 + x)}{x} = 1$$

4. 極限と計算の順序交換

    $\lim_{x \to a(\pm 0)} f(x)$，$\lim_{x \to a(\pm 0)} g(x)$ が収束するとき，次の式が成り立つ (複号同順).

$$\lim_{x \to a(\pm 0)} (kf(x) + lg(x)) = k \lim_{x \to a(\pm 0)} f(x) + l \lim_{x \to a(\pm 0)} g(x)$$

$$\lim_{x \to a(\pm 0)} (f(x)g(x)) = \left(\lim_{x \to a(\pm 0)} f(x) \right) \left(\lim_{x \to a(\pm 0)} g(x) \right)$$

$$\lim_{x \to a(\pm 0)} \frac{f(x)}{g(x)} = \frac{\lim_{x \to a(\pm 0)} f(x)}{\lim_{x \to a(\pm 0)} g(x)} \quad \left(ただし \lim_{x \to a(\pm 0)} g(x) \neq 0 \right)$$

5. 不定形の極限の計算の基本

    極限が計算できる形に式変形を行って計算する (第 2 章の数列の極限と同様).

6. はさみうちの原理

    $x = a$ の近傍で $f(x) \leqq g(x) \leqq h(x)$ が成り立っているとき，

    $\lim_{x \to a(\pm 0)} f(x) = \lim_{x \to a(\pm 0)} h(x) = b$ ならば $\lim_{x \to a(\pm 0)} g(x) = b$　(ただし複号同順)

7. 関数の連続性

    次の条件を満たすとき $f(x)$ は a で連続という.

$$\lim_{x \to a} f(x) = f(a)$$

関数 $f(x), g(x)$ が $x = a$ で連続ならば，次の各々の関数もすべて $x = a$ で連続である.

$$和差積商: f(x) \pm g(x), \quad kf(x)(k は定数), \quad f(x)g(x), \quad \frac{f(x)}{g(x)} (ただし g(a) \neq 0)$$

関数 $g(x)$ が $x = a$ で連続，関数 $f(x)$ が $x = g(a)$ で連続ならば

$$合成関数: f(g(x)) も x = a で連続$$

8. 逆関数

(1) 定義　$y = f(x)$ が単調増加関数または単調減少関数のとき，y を決めると $y = f(x)$ を満たす x が 1 つだけ決まるので，y に x を対応させる関数が決まる．この関数を f の逆関数という．このとき，y が独立変数で x が従属変数となる．

(2) 求め方　$y = f(x)$ の式を $x = g(y)$ に変形する．習慣に従って x と y を入れ替え，x を独立変数とする逆関数 $y = g(x)$ が求まる．

(3) 表記　$y = f(x)$ の逆関数を $y = f^{-1}(x)$ と書く．

(4) グラフ　$y = f(x)$ を $x = g(y)$ と変形した時点では両関数のグラフは同じである．これを $y = g(x)$ と文字を入れ替えると，両関数のグラフは $y = x$ について対称である．

9. 逆関数の例

関数	関数の定義域	関数の値域	逆関数	逆関数の定義域	逆関数の値域
e^x	$(-\infty, \infty)$	$(0, \infty)$	$\log x$	$(0, \infty)$	$(-\infty, \infty)$
x^2	$[0, \infty)$	$[0, \infty)$	$\sqrt{x}$	$[0, \infty)$	$[0, \infty)$

3.1 例題

1. 次のそれぞれの対応について y が x の関数かどうか答えよ.

   (1) $y = \tan x \quad \left(x \neq \dfrac{\pi}{2} + n\pi \right)$

   (解) 定義域にある x を 1 つ決めると y が 1 つ決まるので関数である.

   (2) $x^2 + y^2 = 3^2 \quad (-3 \leqq x \leqq 3)$

   (解) $-3 < x < 3$ で x を 1 つ決めると, y が 2 つ決まってしまうので関数でない.

2. 関数 $y = \dfrac{\cos x}{\sin x}$ について, y が定義できない x を求めよ.

   (解) 分母が 0 となるとき関数が定義できないので, $\sin x = 0$ となる x を求め $x = n\pi$ (n は整数) となる.

3. $\displaystyle \lim_{x \to 1} \dfrac{3x + 1}{x^2 + x + 1}$ を求めよ.

   (解) $\displaystyle \lim_{x \to 1} \dfrac{3x + 1}{x^2 + x + 1} = \dfrac{\displaystyle \lim_{x \to 1}(3x + 1)}{\displaystyle \lim_{x \to 1}(x^2 + x + 1)} = \dfrac{4}{3}.$

4. 極限 $\displaystyle \lim_{x \to \infty} \dfrac{5x^2 + 4x - 3}{3x^2 + 4x + 5}$ を求めよ.

   (解) $\displaystyle \lim_{x \to \infty} \dfrac{5x^2 + 4x - 3}{3x^2 + 4x + 5} = \lim_{x \to \infty} \dfrac{5 + \frac{4}{x} - \frac{3}{x^2}}{3 + \frac{4}{x} + \frac{5}{x^2}} = \dfrac{\displaystyle \lim_{x \to \infty}\left(5 + \frac{4}{x} - \frac{3}{x^2}\right)}{\displaystyle \lim_{x \to \infty}\left(3 + \frac{4}{x} + \frac{5}{x^2}\right)} = \dfrac{5}{3}.$

5. $\displaystyle \lim_{x \to \infty} (\sqrt{x + 1} - \sqrt{x})$ を求めよ.

   (解) $\displaystyle \lim_{x \to \infty} (\sqrt{x + 1} - \sqrt{x}) = \lim_{x \to \infty} \dfrac{(\sqrt{x + 1} - \sqrt{x})(\sqrt{x + 1} + \sqrt{x})}{\sqrt{x + 1} + \sqrt{x}} = \lim_{x \to \infty} \dfrac{1}{\sqrt{x + 1} + \sqrt{x}} = 0.$

6. 極限 $\displaystyle \lim_{x \to 0} \dfrac{\sin 3x}{2x}$ を求めよ.

   (解) $t = 3x$ とおいて, $\displaystyle \lim_{x \to 0} \dfrac{\sin 3x}{2x} = \lim_{t \to 0} \dfrac{\sin t}{\frac{2}{3}t} = \lim_{t \to 0} \left(\dfrac{\sin t}{t} \cdot \dfrac{3}{2} \right) = \dfrac{3}{2}.$

7. 極限 $\displaystyle \lim_{x \to 0} \dfrac{1 - \cos x}{x^2}$ を求めよ.

   (解) $\displaystyle \lim_{x \to 0} \dfrac{1 - \cos x}{x^2} = \lim_{x \to 0} \dfrac{1 - (1 - 2\sin^2 \frac{x}{2})}{x^2} = \lim_{x \to 0} \dfrac{2\sin^2 \frac{x}{2}}{x^2} = \lim_{x \to 0} \left(\dfrac{\sin^2 \frac{x}{2}}{(\frac{x}{2})^2} \cdot \dfrac{2}{4} \right) = \dfrac{1}{2}.$

8. 極限 $\displaystyle \lim_{x \to \infty} \dfrac{\sin x^2}{x}$ を求めよ.

   (解) $\dfrac{-1}{x} \leqq \dfrac{\sin x^2}{x} \leqq \dfrac{1}{x}$ となり $\dfrac{1}{x}$ の極限は 0 となるので, はさみうちの原理より $\displaystyle \lim_{x \to \infty} \dfrac{\sin x^2}{x} = 0.$

9. 次の各々の関数は連続かどうか調べよ. 連続でない場合は, 不連続となる点を調べよ.

   (1) $y = x + 3\sin x$

   (解) 多項式や正弦関数は連続であり, 連続関数の定数倍や和も連続なので連続.

   (2) $y = \begin{cases} \dfrac{x}{|x|} & (x \neq 0) \\ 0 & (x = 0) \end{cases}$

   (解) $x \to -0$ のとき -1, $x = 0$ のとき 0 で $x \to +0$ のとき 1 なので, $x = 0$ で不連続. 他の点では連続.

10. $y = 2x + 3$ の逆関数を求めよ.

    (解) $x = \dfrac{1}{2}(y - 3)$ と式変形できるので, x, y を入れ替えて $y = \dfrac{1}{2}(x - 3).$

3.2 基本問題

1. 次の各々の対応について，y が x の関数かどうか調べよ (根拠を明示せよ).

    (1) $y = \tan x \sin x$

    (2) $\left(\dfrac{x}{3}\right)^2 + \left(\dfrac{y}{2}\right)^2 = 1$

2. 関係 $y = \dfrac{\sin x}{\cos x}$ について，y が定義できない x を求めよ.

3. 極限 $\displaystyle\lim_{x \to \infty} \dfrac{3x^2 + 4}{4x^3 + 2x - 5}$ を求めよ.

4. 極限 $\displaystyle\lim_{x \to 0} \dfrac{\sin 2x}{3x}$ を求めよ.

5. 極限 $\displaystyle\lim_{x \to \infty} (\sqrt{2x + 1} - \sqrt{2x - 1})$ を求めよ.

6. 極限 $\displaystyle\lim_{x \to 0} \dfrac{1 - \cos 2x}{2x^2}$ を求めよ.

7. はさみうちの原理より，極限 $\displaystyle\lim_{x \to \infty} \dfrac{\cos^2 x \sin x}{x^2}$ を求めよ.

8. 次の関数がそれぞれ連続かどうか答えよ. 連続でない場合は不連続となる x を求めよ.

    (1) $y = x + 2\cos x$

    (2) $y = \begin{cases} \dfrac{x}{\sin x} & (x \neq n\pi) \\ 1 & (x = n\pi) \end{cases}$
    ただし n は整数.

9. $y = 3x - 2$ の逆関数を求め，両関数のグラフを描け.

3.3　標準問題

1. 次の各々の媒介変数表示について，t を実数としたとき，y を x の関数として表し，グラフも描け.
    (1) $y = t^4, x = t^2$

    (2) $y = t^2, x = t$

2. 関係 $y = \dfrac{\log x}{\tan x}$ について，y が定義できない x を求めよ.

3. 極限 $\displaystyle\lim_{x\to\infty} \dfrac{2^x - 2^{-x}}{2^x + 2^{-x}}$ を求めよ.

4. 極限 $\displaystyle\lim_{x\to 0} \dfrac{\sin 3x}{\sin 2x}$ を求めよ.

5. 極限 $\displaystyle\lim_{x\to \frac{\pi}{2}} \dfrac{1 - \sin^2 x}{1 - \sin x}$ を求めよ.

6. 極限 $\displaystyle\lim_{x\to 0} \dfrac{e^{-x} - 1}{x}$ を求めよ.

7. 極限 $\displaystyle\lim_{x\to 0} (1 + 8x)^{\frac{1}{\sin 2x}}$ を求めよ.

8. 極限 $\displaystyle\lim_{x\to 0} \dfrac{\log(x + 1)}{e^x - 1}$ を求めよ.

9. $y = e^{2x}$ の逆関数を求めよ.

10. $y = \dfrac{2x - 3}{x + 1}$ の逆関数とその定義域を求めよ.

3.4 発展問題

1. 定数 a, b, c に対し，極限 $\displaystyle\lim_{x \to \infty} \left(\sqrt{ax^2 + bx + c} - x \right)$ を求めよ．

2. 極限 $\displaystyle\lim_{x \to \infty} \dfrac{e^{\frac{1}{x}} - 1}{e^{\frac{1}{2x}} - 1}$ を求めよ．

3. 極限 $\displaystyle\lim_{x \to 0} \dfrac{\sin^{-1} x}{\tan x}$ を求めよ．

4. 極限 $\displaystyle\lim_{x \to 0} \dfrac{1 - \cos(\sin x)}{\sin x \tan x}$ を求めよ．

5. 極限 $\displaystyle\lim_{x \to +0} (1 + x)^{\frac{1}{x}}$ を求めよ．

6. 次の各々の関数は連続かどうか調べよ．連続でない場合は不連続となる点を調べよ．

(1) $y = \begin{cases} x \sin \dfrac{1}{x^2} & (x \neq 0) \\ 0 & (x = 0) \end{cases}$.

(2) $y = \begin{cases} \sin \dfrac{1}{x} & (x \neq 0) \\ 0 & (x = 0) \end{cases}$.

7. $y = \sinh x = \dfrac{e^x - e^{-x}}{2}$ の逆関数を求めよ．

8. $y = \cosh x = \dfrac{e^x + e^{-x}}{2}$ の定義域を適当に制限して逆関数を求めよ．

第4章 微分法の導入

1. 平均変化率
$$\frac{f(b) - f(a)}{b - a}$$

2. 微分係数と導関数

   (1) 微分係数の定義： 次の極限が存在するとき，$y = f(x)$ は $x = a$ で微分可能といい，この極限値を $f'(a)$ と表し，$x = a$ での微分係数という．
   $$f'(a) = \lim_{b \to a} \frac{f(b) - f(a)}{b - a} = \lim_{h \to 0} \frac{f(a + h) - f(a)}{h}$$

   (2) 導関数の定義： 定義域内の各点 a について，微分係数 $f'(a)$ を対応させる関数を導関数という．

   (3) 導関数の公式： この公式を導関数の定義とすることもある．
   $$f'(x) = \frac{df}{dx}(x) = \lim_{h \to 0} \frac{f(x + h) - f(x)}{h}$$

3. 微分と計算

   (1) 微分の線形性　$(af(x) + bg(x))' = af'(x) + bg'(x)$　　（ただし，a, b は定数）

   (2) 積の微分法　$(f(x)g(x))' = f'(x)g(x) + f(x)g'(x)$

   (3) 商の微分法　$\left(\dfrac{f(x)}{g(x)}\right)' = \dfrac{f'(x)g(x) - f(x)g'(x)}{g(x)^2}$

4. 各関数についての導関数の公式

   (1) 多項式の導関数の公式
   $$(x^n)' = nx^{n-1}, \ (c)' = 0 \quad （ただし，c は定数）$$
   $$(a_n x^n + a_{n-1} x^{n-1} + \cdots + a_1 x + a_0)' = na_n x^{n-1} + (n-1)a_{n-1} x^{n-2} + \cdots + 2a_2 x + a_1$$

   (2) 三角関数の導関数の公式
   $$(\sin x)' = \cos x, \quad (\cos x)' = -\sin x, \quad (\tan x)' = \frac{1}{\cos^2 x}$$

   (3) 指数・対数の導関数の公式
   $$(e^x)' = e^x, \quad (a^x)' = a^x \log a, \quad (\log x)' = \frac{1}{x}, \quad (\log_a x)' = \frac{1}{x \log a}$$

4.1 例題

1. $\boxed{y = f(x) = 3x^2 + 4x + 2 \text{ について，区間 } [0, 2] \text{ での平均変化率を求めよ.}}$

   (解) $\dfrac{f(2) - f(0)}{2 - 0} = \dfrac{(3 \cdot 2^2 + 4 \cdot 2 + 2) - (3 \cdot 0^2 + 4 \cdot 0 + 2)}{2} = 10.$

2. $\boxed{y = f(x) = 3x^2 + 4x + 2 \text{ について，} x = 1 \text{ での微分係数を定義に従って求めよ.}}$

   (解) $\displaystyle\lim_{h \to 0} \dfrac{f(1 + h) - f(1)}{h} = \lim_{h \to 0} \dfrac{(3(1 + h)^2 + 4(1 + h) + 2) - (3 \cdot 1^2 + 4 \cdot 1 + 2)}{h} = \lim_{h \to 0} \dfrac{10h + 3h^2}{h} = 10.$

3. $\boxed{x^2 \text{ の導関数を定義に従って求めよ.}}$

   (解) 公式より $\displaystyle\lim_{h \to 0} \dfrac{(x + h)^2 - x^2}{h} = \lim_{h \to 0}(2x + h) = 2x.$

4. $\boxed{\text{公式を用いて次の各々の関数を微分せよ.}}$

   (1) $\boxed{y = x^5 + 3x^3 + 2x^2 + 3x + 1}$

   (解) $(x^5 + 3x^3 + 2x^2 + 3x + 1)' = (x^5)' + (3x^3)' + (2x^2)' + (3x)' + 1'$
   $= (x^5)' + 3(x^3)' + 2(x^2)' + 3x' + 0 = 5x^4 + 9x^2 + 4x + 3.$

   (2) $\boxed{y = \sin x + 3 \tan x}$

   (解) $(\sin x + 3 \tan x)' = (\sin x)' + 3(\tan x)' = \cos x + \dfrac{3}{\cos^2 x}.$

   (3) $\boxed{y = e^x + x^2}$

   (解) $(e^x + x^2)' = (e^x)' + (x^2)' = e^x + 2x.$

   (4) $\boxed{y = \log_a x + 2 \sin x}$

   (解) $(\log_a x + 2 \sin x)' = (\log_a x)' + 2(\sin x)' = \dfrac{1}{x \log a} + 2 \cos x.$

   (5) $\boxed{y = \sin x \cdot e^x}$

   (解) $(\sin x \cdot e^x)' = (\sin x)' e^x + \sin x (e^x)' = e^x(\cos x + \sin x).$

   (6) $\boxed{y = \dfrac{3x + 1}{2x + 4}}$

   (解) $\left(\dfrac{3x + 1}{2x + 4}\right)' = \dfrac{(3x + 1)'(2x + 4) - (3x + 1)(2x + 4)'}{(2x + 4)^2} = \dfrac{10}{(2x + 4)^2}.$

   (7) $\boxed{y = \dfrac{\log x}{\cos x}}$

   (解) $\left(\dfrac{\log x}{\cos x}\right)' = \dfrac{(\log x)' \cos x - \log x (\cos x)'}{\cos^2 x} = \dfrac{\cos x + x \log x \sin x}{x \cos^2 x}.$

4.2 基本問題

1. $y = f(x) = 2x^3 + 3x - 2$ について，$[-2, 2]$ での平均変化率を求めよ．

2. $y = f(x) = 2x^2 + 6x - 5$ について，$x = 1$ での微分係数を定義に従って求めよ．

3. $y = x^3$ の導関数を定義に従って求めよ．

4. 公式を用いて，次の各々の関数の微分をせよ．

   (1) $y = 5x^3 + 4x^2 + 2x + 4$

   (2) $y = 2\sin x + 5\tan x$

   (3) $y = a^x + 3x^2$

   (4) $y = \log x + \cos x$

   (5) $y = \dfrac{3x + 2}{4x + 1}$

   (6) $y = \cos x \cdot \log x$

   (7) $y = \dfrac{\sin x}{a^x}$

4.3 標準問題

1. 次の関数 $f(x)$ は，$x = 0$ で連続であるが微分係数が存在しないことを示せ．

$$f(x) = \begin{cases} x \sin \dfrac{1}{x} & (x \neq 0) \\ 0 & (x = 0). \end{cases}$$

2. 関数 $y = \dfrac{1}{x}$ の導関数を定義に従って求めよ．

3. 関数 $y = \sqrt{2x}$ の導関数を定義に従って求めよ．

4. 次の各々の関数の導関数を求めよ．

(1) $y = \dfrac{e^x}{\sin x + \cos x}$

(2) $y = \dfrac{3x + 1}{x^3 + x^2 + 1}$

(3) $y = \dfrac{\log x}{\tan x}$

(4) $y = \dfrac{e^x - e^{-x}}{e^x + e^{-x}}$

4.4 発展問題

1. 微分の定義に従って，積の微分法および商の微分法の公式を求めよ．

2. 0 でない整数 n について $(x^n)' = nx^{n-1}$ を示せ．

3. 微分の定義に従って，次の各々の公式を導け．

    (1) $(\sin x)' = \cos x$

    (2) $(\cos x)' = -\sin x$

    (3) $(\log x)' = \dfrac{1}{x}$

    (4) $(e^x)' = e^x$

4. 関数 $f(x)$ が微分可能のとき，$\displaystyle\lim_{h \to 0} \dfrac{f(x+h) - f(x-h)}{h}$ を $f'(x)$ を用いて表せ．

4.5 補充問題

1. 微分可能な関数 $y = f(x)$ について，定義域内の各点 a で定数 k と関数 $\varepsilon(h)$ があり，

$$f(a + h) = f(a) + kh + \varepsilon(h)$$

と表されている．いま $\displaystyle\lim_{h \to 0} \frac{\varepsilon(h)}{h} = 0$ であるとき，k を関数 $f(x)$ と a を用いて表せ．

2. 前問において $k = x - a$ とする．さらに，$f(x) = x^2, a = 1$ であるとき，このグラフと関数 $y = f(a) + k(x - a)$ のグラフを描き，$\varepsilon(h)$ について図形的な意味を述べよ．

第5章　微分法の公式

1. 合成関数の微分法

    $z = g(y), y = f(x)$ について

$$((g \circ f)(x))' = (g(f(x)))' = g'(y) \cdot f'(x) \text{ あるいは } \frac{dz}{dx} = \frac{dz}{dy} \cdot \frac{dy}{dx}$$

合成関数の微分法を用いることで，基本的な関数の微分から一般の関数の微分が計算できる.

2. 逆関数の微分法

    $y = f^{-1}(x)$ について

$$y' = \left(f^{-1}(x)\right)' = \frac{1}{f'(y)} = \frac{1}{f'(f^{-1}(x))} \text{ あるいは } \frac{dy}{dx} = \frac{1}{\frac{dx}{dy}}$$

3. 逆三角関数の導関数

$$(\sin^{-1} x)' = \frac{1}{\sqrt{1-x^2}}, \quad (\cos^{-1} x)' = -\frac{1}{\sqrt{1-x^2}}, \quad (\tan^{-1} x)' = \frac{1}{1+x^2}$$

4. 高次導関数

$$\frac{d^2 f}{dx^2}(x) = f''(x) = (f'(x))', \ \frac{d^3 f}{dx^3}(x) = f'''(x) = (f''(x))', \cdots, \frac{d^n f}{dx^n}(x) = f^{(n)}(x) = (f^{(n-1)}(x))'$$

5. ライプニッツの公式

$$(fg)^{(n)} = \sum_{k=0}^{n} {}_nC_k f^{(k)} g^{(n-k)}$$

6. 対数微分法

$$(\log |f(x)|)' = \frac{f'(x)}{f(x)}$$

7. 微分形式

$$dy = f'(x)dx$$

5.1 例題

1. 次の各々の関数を微分せよ.

(1) $y = (2x+1)^{10}$

(解) $u = 2x+1$ とおいて, $((2x+1)^{10})' = \dfrac{du^{10}}{du}\dfrac{du}{dx} = 10u^9 \cdot 2 = 20(2x+1)^9.$

(2) $y = (x^2+3x+5)^3$

(解) $u = x^2+3x+5$ とおいて, $((x^2+3x+5)^3)' = \dfrac{du^3}{du}\dfrac{du}{dx} = 3u^2 \cdot (2x+3) = 3(x^2+3x+5)^2(2x+3).$

(3) $y = \sin 3x$

(解) $u = 3x$ とおいて, $(\sin 3x)' = \dfrac{d\sin u}{du}\dfrac{du}{dx} = \cos u \cdot 3 = 3\cos 3x.$

(4) $y = \cos(2x^2+4)$

(解) $u = 2x^2+4$ とおいて, $(\cos(2x^2+4))' = \dfrac{d\cos u}{du}\dfrac{du}{dx} = -\sin u \cdot 4x = -4x\sin(2x^2+4).$

(5) $y = e^{-ax^2+bx}$

(解) $u = -ax^2+bx$ とおいて, $(e^{-ax^2+bx})' = \dfrac{de^u}{du}\dfrac{du}{dx} = e^u(-2ax+b) = (-2ax+b)e^{-ax^2+bx}.$

(6) $y = \log(3x^2+2)$

(解) $u = 3x^2+2$ とおいて, $(\log(3x^2+2))' = \dfrac{d\log u}{du}\dfrac{du}{dx} = \dfrac{1}{u}\cdot 6x = \dfrac{6x}{3x^2+2}.$

(7) $y = e^{\sin\frac{1}{x}}$

(解) $u = \dfrac{1}{x}, v = \sin u$ とおいて, $\left(e^{\sin\frac{1}{x}}\right)' = \dfrac{de^v}{dv}\cdot\dfrac{dv}{du}\cdot\dfrac{du}{dx} = e^v \cdot \cos u \cdot \left(-\dfrac{1}{x^2}\right) = -\dfrac{1}{x^2}e^{\sin\frac{1}{x}}\cos\dfrac{1}{x}.$

2. 逆関数の微分法を用いて, $y = \sqrt{x}$ を微分せよ.

(解) $y = \sqrt{x}$ から $x = y^2\ (x \geqq 0)$ となり, $\dfrac{dy}{dx} = \dfrac{1}{\frac{dx}{dy}} = \dfrac{1}{2y} = \dfrac{1}{2\sqrt{x}}.$

3. 対数微分法を用いて, 次の関数を微分せよ.

(1) $y = x^x$

(解) この関数は多項式でも指数関数でもない点に注意が必要である. $y = x^x$ について, 両辺の対数をとると, $\log y = x\log x$ となる. この両辺を微分すると, $\dfrac{y'}{y} = \log x + 1$ となるので $y' = x^x(\log x + 1).$

(2) $y = \sqrt{\dfrac{4x+2}{2x^3+3x+2}}$

(解) 与式の両辺の対数をとると, $\log y = \dfrac{1}{2}(\log|4x+2| - \log|2x^3+3x+2|)$ となる. 両辺を微分し,

$\dfrac{y'}{y} = \dfrac{1}{2}\left(\dfrac{4}{4x+2} - \dfrac{6x^2+3}{2x^3+3x+2}\right)$ から, $y' = \dfrac{1}{2}\left(\dfrac{2}{2x+1} - \dfrac{6x^2+3}{2x^3+3x+2}\right)\sqrt{\dfrac{4x+2}{2x^3+3x+2}}.$

4. ライプニッツの公式を用いて, $y = e^x\sin x$ の3次導関数を求めよ.

(解) ライプニッツの公式より, $(e^x\sin x)''' = e^x(\sin x)''' + 3(e^x)'(\sin x)'' + 3(e^x)''(\sin x)' + (e^x)'''\sin x = -e^x\cos x - 3e^x\sin x + 3e^x\cos x + e^x\sin x = 2e^x(\cos x - \sin x).$

5. 逆三角関数 $y = \sin^{-1}2x$ を微分せよ.

(解) $u = 2x$ とおいて, $(\sin^{-1}2x)' = \dfrac{d\sin^{-1}u}{du}\dfrac{du}{dx} = \dfrac{1}{\sqrt{1-u^2}}\cdot 2 = \dfrac{2}{\sqrt{1-4x^2}}.$

5.2 基本問題

1. 次の各々の関数を微分せよ.

    (1) $y = (x^3 + 4x^2 + 2)^3$

    (2) $y = \tan 4x$

    (3) $y = \sin \sqrt{x^2 + 2x}$

    (4) $y = e^{\sin x}$

    (5) $y = \sqrt{\dfrac{5x + 3}{3x^2 + 2x + 4}}$

    (6) $y = (\cos x)^{\sin x}$

    (7) $y = \cos^{-1} 2x$

    (8) $y = \tan^{-1}(3x + 2)$

2. 逆関数の微分法を用いて，次の関数を微分せよ.

    (1) $y = \sqrt[3]{x}$

    (2) $y = \log x$

5.3 標準問題

1. 次の各々の関数を微分せよ.

    (1) $y = \cos^3 3x$

    (2) $y = (\tan x)^{\cos e^x}$

    (3) $y = \tan^{-1}(\cos(\tan x))$

    (4) $y = \cos^{-1}(\tan(\log_a x))$

2. 関数 $y = e^{3x} \sin 2x$ の 4 次までの導関数を求めよ.

3. $\sinh x = \dfrac{e^x - e^{-x}}{2}$ および $\cosh x = \dfrac{e^x + e^{-x}}{2}$ $(x \geqq 0)$ の逆関数を微分せよ.

4. 次の関数 $f(x)$ は, $x = 0$ で微分可能であるが, 導関数 $f'(x)$ は $x = 0$ で連続でないことを示せ.

$$f(x) = \begin{cases} x^2 \sin \dfrac{1}{x} & (x \neq 0) \\ 0 & (x = 0) \end{cases}$$

5.4 発展問題

1. 合成関数の微分法の公式を次の2つの方法で求めよ.

    (1) 導関数の定義に従って求める.

    (2) 微分形式を用いて求める.

2. 逆関数の微分法の公式を示せ. また $\dfrac{dy}{dx} = \dfrac{1}{\frac{dx}{dy}}$ の図形的な意味を述べよ.

3. 対数微分法を用いて $(x^a)' = ax^{a-1}$ $(a \neq 0)$ を示せ.

4. ライプニッツの公式を示せ.

5. 逆三角関数の微分法の公式を示せ.

5.5 補充問題

1. 自然数 n に対し，次の形で定義される式はエルミート多項式と呼ばれる.

$$H_n(x) = (-1)^n e^{x^2} \frac{d^n}{dx^n} e^{-x^2}$$

これについて，次の問いに答えよ.

   (1) H_{2n} および H_{2n+1} を x の多項式の形で求めよ.

   (2) この式が微分方程式

$$\left(\frac{d^2}{dx^2} - 2x \frac{d}{dx} + 2n \right) H_n(x) = 0$$

を満たすことを示せ.

2. 自然数 n に対し，次の形で定義される式はルジャンドル多項式と呼ばれる.

$$P_n(x) = \frac{1}{2^n n!} \frac{d^n}{dx^n} (x^2 - 1)^n$$

これについて，次の問いに答えよ.

   (1) P_{2n} および P_{2n+1} を x の多項式の形で求めよ.

   (2) この式が微分方程式

$$\frac{d}{dx} \left[(1 - x^2) P_n(x)' \right] + n(n+1) P_n(x) = 0$$

を満たすことを示せ.

第6章 平均値の定理とロピタルの公式

1. ロルの定理
   関数 $f(x)$ が閉区間 $[a,b]$ で連続，開区間 (a,b) で微分可能かつ $f(a) = f(b)$ ならば

   $$f'(c) = 0 \quad (a < c < b)$$

   となる実数 c が存在する．

2. ラグランジュの平均値の定理
   関数 $f(x)$ が閉区間 $[a,b]$ で連続，開区間 (a,b) で微分可能ならば

   $$\frac{f(b) - f(a)}{b - a} = f'(c) \quad (a < c < b)$$

   となる実数 c が存在する．
   (注意: $f(a) = f(b)$ の場合がロルの定理である.)

3. コーシーの平均値の定理
   関数 $f(x), g(x)$ が閉区間 $[a,b]$ で連続，開区間 (a,b) で微分可能であり (a,b) で $g'(x) \neq 0$ ならば

   $$\frac{f(b) - f(a)}{g(b) - g(a)} = \frac{f'(c)}{g'(c)} \quad (a < c < b)$$

   となる実数 c が存在する．
   (注意: $g(x) = x$ の場合がラグランジュの平均値の定理である.)

4. ロピタルの定理

ロピタルの定理

関数 $f(x), g(x)$ が，$x = a$ の近くで微分可能で，$\displaystyle\lim_{x \to a} f(x) = \lim_{x \to a} g(x) = 0$ とする．このとき，$\displaystyle\lim_{x \to a} \frac{f'(x)}{g'(x)}$ が存在すれば次の式が成立する．

$$\lim_{x \to a} \frac{f(x)}{g(x)} = \lim_{x \to a} \frac{f'(x)}{g'(x)}$$

ロピタルの定理は $x \to a$ で $f(x), g(x) \to \pm\infty$ となる場合でも成立する．
ロピタルの定理は $x \to \pm\infty$ で $f(x), g(x) \to 0$ や $f(x), g(x) \to \pm\infty$ となる場合でも成立する．
分母・分子の極限が $\dfrac{0}{0}, \dfrac{\pm\infty}{\pm\infty}$ の形になるものを不定形といい，不定形の極限の計算にロピタルの定理が用いられる．

6.1 例題

1. $\boxed{\displaystyle\lim_{x\to 0}\frac{\cos x-1}{x^2}\ を求めよ.}$

(解) 分母・分子の極限をとると，共に 0 に収束するので不定形となり，ロピタルの定理を適用すると，

$$\lim_{x\to 0}\frac{\cos x-1}{x^2}=\lim_{x\to 0}\frac{(\cos x-1)'}{(x^2)'}=\lim_{x\to 0}\frac{-\sin x}{2x}=-\frac{1}{2}$$

となり，右辺が収束したので上の式は成立している (収束が確認できるまでは上の式の等号は成立しないので注意が必要である).

2. $\boxed{\displaystyle\lim_{x\to\infty}\frac{x^2}{e^x}\ を求めよ.}$

(解) 分母・分子の極限をとると，共に ∞ に発散するので，ロピタルの定理を適用し，

$$\lim_{x\to\infty}\frac{x^2}{e^x}=\lim_{x\to\infty}\frac{(x^2)'}{(e^x)'}=\lim_{x\to\infty}\frac{2x}{e^x}$$

となるが右辺はまた $\dfrac{\infty}{\infty}$ の不定形なので，再びロピタルの定理を適用し，

$$\lim_{x\to\infty}\frac{x^2}{e^x}=\lim_{x\to\infty}\frac{2x}{e^x}=\lim_{x\to\infty}\frac{(2x)'}{(e^x)'}=\lim_{x\to\infty}\frac{2}{e^x}=0.$$

3. $\boxed{\displaystyle\lim_{x\to\frac{\pi}{2}}\left(\frac{1}{\cos x}-\tan x\right)\ を求めよ.}$

(解) $\dfrac{0}{0}$ か $\dfrac{\infty}{\infty}$ の不定形に直して計算する.

$$\lim_{x\to\frac{\pi}{2}}\left(\frac{1}{\cos x}-\tan x\right)=\lim_{x\to\frac{\pi}{2}}\frac{1-\sin x}{\cos x}$$

分母・分子の極限をとると，共に 0 に収束するのでロピタルの定理を適用し，

$$\lim_{x\to\frac{\pi}{2}}\left(\frac{1}{\cos x}-\tan x\right)=\lim_{x\to\frac{\pi}{2}}\frac{1-\sin x}{\cos x}=\lim_{x\to\frac{\pi}{2}}\frac{(1-\sin x)'}{(\cos x)'}=\lim_{x\to\frac{\pi}{2}}\frac{-\cos x}{-\sin x}=0.$$

4. $\boxed{\displaystyle\lim_{x\to+0}x\log x\ を求めよ.}$

(解) $\dfrac{0}{0}$ か $\dfrac{\infty}{\infty}$ の不定形に直して計算する.

$$\lim_{x\to+0}x\log x=\lim_{x\to+0}\frac{\log x}{\frac{1}{x}}$$

分母・分子の極限をとると，共に ∞ に発散するので，ロピタルの定理を適用し，

$$\lim_{x\to+0}x\log x=\lim_{x\to+0}\frac{\log x}{\frac{1}{x}}=\lim_{x\to+0}\frac{(\log x)'}{(\frac{1}{x})'}=\lim_{x\to+0}\frac{\frac{1}{x}}{-\frac{1}{x^2}}=\lim_{x\to+0}\frac{x}{-1}=0.$$

5. $\boxed{\displaystyle\lim_{x\to 0}(\cos x)^{\frac{1}{\sin x}}\ を求めよ.}$

(解) 指数関数の連続性を用いて極限を求める.

$$\lim_{x\to 0}(\cos x)^{\frac{1}{\sin x}}=\lim_{x\to 0}e^{\left(\log(\cos x)^{\frac{1}{\sin x}}\right)}=\lim_{x\to 0}e^{\left(\frac{\log(\cos x)}{\sin x}\right)}=e^{\left(\lim_{x\to 0}\frac{\log(\cos x)}{\sin x}\right)}.$$

ここで，指数の極限に注目すると，不定形になっているので，ロピタルの定理を適用して

$$\lim_{x\to 0}\frac{\log(\cos x)}{\sin x}=\lim_{x\to 0}\frac{\frac{-\sin x}{\cos x}}{\cos x}=0.$$

よって，極限は $e^0=1$ となる.

6.2 基本問題

1. 次の各々の極限を求めよ.

(1) $\displaystyle\lim_{x\to 0}\frac{\sin 2x}{x}$

(2) $\displaystyle\lim_{x\to\infty}\frac{\log x}{x}$

(3) $\displaystyle\lim_{x\to 0}\frac{\cos x-1}{x\sin x}$

(4) $\displaystyle\lim_{x\to\infty}\frac{x}{e^x}$

(5) $\displaystyle\lim_{x\to 1}\frac{x^2-3x+2}{x^2-1}$

(6) $\displaystyle\lim_{x\to\frac{\pi}{2}}\frac{\frac{1}{x-\frac{\pi}{2}}}{\tan x}$

(7) $\displaystyle\lim_{x\to 0}\frac{\sin 2x}{\tan 3x}$

(8) $\displaystyle\lim_{x\to 1}\frac{1-x^2}{\sin(x-1)}$

6.3 標準問題

1. 次の各々の場合に関数 $f(x), g(x)$ について
$\displaystyle\lim_{x\to 0}\frac{f(x)}{g(x)}, \ \lim_{x\to 0}\frac{f'(x)}{g'(x)}$ を求めよ．またロピタルの定理の結論が成立しない理由は仮定のどの条件が満たされていないためか述べよ．

   (1) $f(x) = 2x + 1, \ g(x) = x + 2$

   (2) $f(x) = x^2 \sin \dfrac{1}{x}, \ g(x) = \sin x$

2. 次の各々の極限を求めよ．

   (1) $\displaystyle\lim_{x\to 0}\left(\dfrac{1}{x^2} - \dfrac{\sin x}{x^3}\right)$

   (2) $\displaystyle\lim_{x\to 0}\dfrac{\frac{\pi}{2} - \cos^{-1} x}{\sqrt{x}}$

   (3) $\displaystyle\lim_{x\to 0} x^2 \log x$

   (4) $\displaystyle\lim_{x\to +0} x^x$

   (5) $\displaystyle\lim_{x\to 0}(1 + x)^{\frac{x}{1-\cos x}}$

6.4 発展問題

1. 「閉区間で連続な関数は，最大値と最小値をもつ」という定理 (ワイヤストラスの最大値最小値存在の定理) から，ロルの定理を導け.

2. ロルの定理を用いて，ラグランジュの平均値の定理およびコーシーの平均値の定理を導け.

3. コーシーの平均値の定理から，ロピタルの定理を導け.

6.5 補充問題

1. 関数 $f(x), g(x), h(x)$ が閉区間 $a \leqq x \leqq b$ で連続で，開区間 $a < x < b$ で微分可能とする．このとき次の式を満たすような c が存在することを証明せよ．

$$\begin{vmatrix} f(a) & g(a) & h(a) \\ f(b) & g(b) & h(b) \\ f'(c) & g'(c) & h'(c) \end{vmatrix} = 0 \quad (a < c < b)$$

2. 正の数 a に対し，関数を $f(x) = x^2 - a$ とおく．数列 $\{x_n\}$ を次のように定める．まず $x_1 = a$ として，$(x_1, f(x_1))$ における $y = f(x)$ の接線が x 軸と交わる点の x 座標を x_2 とする．以下同様に $(x_n, f(x_n))$ における $y = f(x)$ の接線が x 軸と交わる点の x 座標を x_{n+1} とする．このとき数列 $\{x_n\}$ が収束することを示し，その極限値を求めよ．

第7章 テイラーの定理とテイラー展開

テイラー展開およびマクローリン展開は，関数を多項式関数で近似したり，無限級数で表すものである．三角関数や指数関数などの関数より多項式関数の方が扱いやすいため，物理学や工学で広く用いられる．

1. テイラーの定理

   関数 $f(x)$ が閉区間 $[a,b]$ で n 回微分可能，$f^{(n)}(x)$ が閉区間 $[a,b]$ で連続かつ開区間 (a,b) で微分可能なら

   $$f(b) = f(a) + f'(a)(b-a) + \frac{f''(a)}{2!}(b-a)^2 + \cdots + \frac{f^{(n)}(a)}{n!}(b-a)^n + R_{n+1},$$

   $$R_{n+1} = \frac{f^{(n+1)}(c)}{(n+1)!}(b-a)^{n+1} \quad (a < c < b)$$

   となる実数 c が存在する．

2. マクローリンの定理

   関数 $f(x)$ が 0 を含む区間で $n+1$ 回微分可能なら

   $$f(x) = f(0) + f'(0)x + \frac{f''(0)}{2!}x^2 + \cdots + \frac{f^{(n)}(0)}{n!}x^n + R_{n+1},$$

   $$R_{n+1} = \frac{f^{(n+1)}(\theta x)}{(n+1)!}x^{n+1} \quad (0 < \theta < 1)$$

   となる実数 θ が存在する．

3. テイラー展開

   テイラーの定理において，関数 $f(x)$ が無限回微分可能で $\lim_{n \to \infty} R_{n+1} = 0$ のとき，次の式が成り立つ．

   $$f(x) = f(a) + f'(a)(x-a) + \frac{f''(a)}{2!}(x-a)^2 + \cdots + \frac{f^{(n)}(a)}{n!}(x-a)^n + \cdots$$

4. マクローリン展開

   上の式で特に $a = 0$ のとき，次の式が成り立つ．

   $$f(x) = f(0) + f'(0)x + \frac{f''(0)}{2!}x^2 + + \cdots + \frac{f^{(n)}(0)}{n!}x^n + \cdots$$

5. 主なマクローリン展開の公式

   $$\sin x = x - \frac{1}{3!}x^3 + \frac{1}{5!}x^5 - \frac{1}{7!}x^7 + \cdots + \frac{(-1)^n}{(2n+1)!}x^{2n+1} + \cdots$$

   $$\cos x = 1 - \frac{1}{2!}x^2 + \frac{1}{4!}x^4 - \frac{1}{6!}x^6 + \cdots + \frac{(-1)^n}{(2n)!}x^{2n} + \cdots$$

   $$e^x = 1 + x + \frac{1}{2!}x^2 + \frac{1}{3!}x^3 + \cdots + \frac{1}{n!}x^n + \cdots$$

   $$\log(1+x) = x - \frac{1}{2}x^2 + \frac{1}{3}x^3 - \frac{1}{4}x^4 + \cdots + \frac{(-1)^{n+1}}{n}x^n + \cdots \quad (|x| < 1)$$

   ニュートンの二項定理：α を実数とすると

   $$(1+x)^\alpha = 1 + \alpha x + \frac{\alpha(\alpha-1)}{2!}x^2 + \cdots + \frac{\alpha(\alpha-1)\cdots(\alpha-n+1)}{n!}x^n + \cdots \quad (|x| < 1)$$

6. 近似

Δx が十分小さい ($\Delta x \ll 1$ の記号を用いることが多い) とき，関数 $f(x)$ が x の近くで n 回微分可能ならば，次のように近似される．

$$f(x + \Delta x) \fallingdotseq f(x) + f'(x)\Delta x + \frac{f''(x)}{2!}(\Delta x)^2 + \cdots + \frac{f^n(x)}{n!}(\Delta x)^n$$

特に，$n = 1$ のときは次のように近似される．

$$f(x + \Delta x) \fallingdotseq f(x) + f'(x)\Delta x$$

7. ロピタルの定理の拡張

$f'(a) = f''(a) = \cdots = f^{(n-1)}(a) = 0, g'(a) = g''(a) = \cdots = g^{(n-1)}(a) = 0$ かつ $g^{(n)}(a) \neq 0$ のとき，次の式が成立する．

$$\lim_{x \to a} \frac{f(a)}{g(a)} = \lim_{x \to a} \frac{f^{(n)}(a)}{g^{(n)}(a)}$$

8. テイラー展開による極限の計算

極限の計算はテイラー展開を用いると簡単になることがある．ロピタルの定理では面倒であったり扱いにくかったりする問題でも解決できることが多い．

9. テイラー展開による近似

次のグラフでは，$f(x) = \sin x$ に対して，そのテイラー展開 $f_1(x) = x$, $f_2(x) = x - \frac{x^3}{3!}$, $f_3(x) = x - \frac{x^3}{3!} + \frac{x^5}{5!}$, $f_4(x) = x - \frac{x^3}{3!} + \frac{x^5}{5!} - \frac{x^7}{7!}$, $f_5(x) = x - \frac{x^3}{3!} + \frac{x^5}{5!} - \frac{x^7}{7!} + \frac{x^9}{9!}$ が $f(x)$ に近づいていく様子を表している．

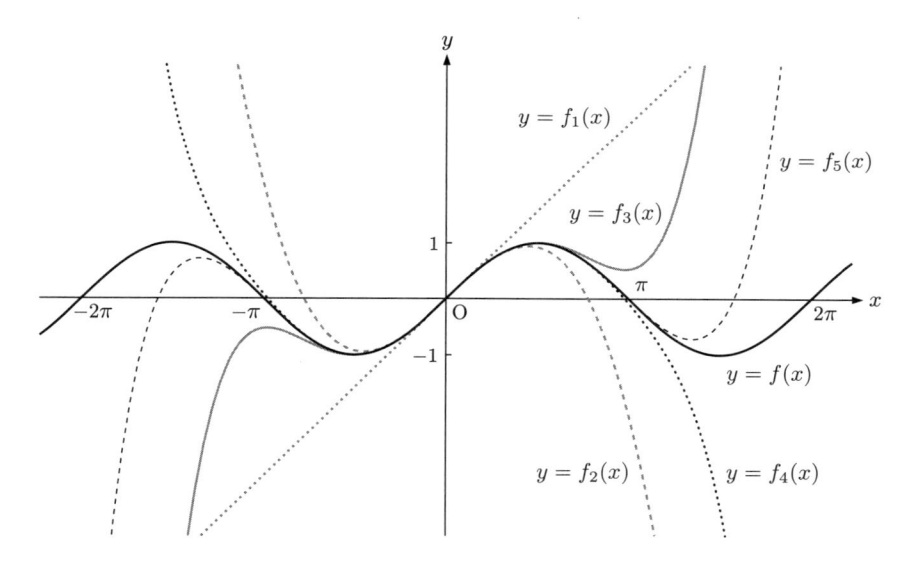

7.1 例題

1. 恒等式 $3x^4 + 2x^3 - x^2 + 6x + 7 = 3(x-1)^4 + a(x-1)^3 + b(x-1)^2 + c(x-1) + d$ が成り立つとき, 定数 a, b, c, d の値を求めよ.

(解) $x = 1$ を代入すると $3 + 2 - 1 + 6 + 7 = d$ となり $d = 17$ となる.

次に両辺を微分すると $12x^3 + 6x^2 - 2x + 6 = 12(x-1)^3 + 3a(x-1)^2 + 2b(x-1) + c$ となり,

これに $x = 1$ を代入すると $c = 12 + 6 - 2 + 6 = 22$ となる.

以下同様に微分と代入を繰り返すと $b = 23, a = 14$ となる.

2. x^{100} を $(x-1)^2$ で割った余りを求めよ.

(解) x^{100} を $(x-1)^2$ で割った商を $Q(x)$, 余りを $a(x-1) + b$ とすると, $x^{100} = (x-1)^2 Q(x) + a(x-1) + b$ となる. 両辺に $x = 1$ を代入すると $b = 1$ となる. 次に両辺を微分すると

$100x^{99} = 2(x-1)Q(x) + (x-1)^2 Q'(x) + a$ となり, これに $x = 1$ を代入すると $a = 100$ となる. よって $100(x-1) + 1 = 100x - 99$.

3. 次の関数について, 4次の剰余項のついたマクローリン展開を求めよ.

(1) $y = \sin x$

(解) $\sin x = \sin 0 + \dfrac{\cos 0}{1!}x + \dfrac{-\sin 0}{2!}x^2 + \dfrac{-\cos 0}{3!}x^3 + \dfrac{\sin\theta x}{4!}x^4 = x - \dfrac{x^3}{3!} + \dfrac{\sin\theta x}{4!}x^4$.

(2) $y = e^x$

(解) $e^x = e^0 + \dfrac{e^0}{1!}x + \dfrac{e^0}{2!}x^2 + \dfrac{e^0}{3!}x^3 + \dfrac{e^{\theta x}}{4!}x^4 = 1 + x + \dfrac{1}{2!}x^2 + \dfrac{1}{3!}x^3 + \dfrac{e^{\theta x}}{4!}x^4$ $(0 < \theta < 1)$.

(3) $e^{\sin x}$

(解) $(e^{\sin x})' = \cos x\, e^{\sin x}$, $(e^{\sin x})'' = (-\sin x + \cos^2 x)e^{\sin x}$,

$(e^{\sin x})''' = \left(-\cos x - \dfrac{3}{2}\sin 2x + \cos^3 x\right)e^{\sin x}$,

$(e^{\sin x})^{(4)} = \left(\sin x - \cos^2 x - 3\cos 2x - \dfrac{3}{2}\sin 2x \cos x - 3\cos^2 x \sin x + \cos^4 x\right)e^{\sin x}$ となるので

$e^{\sin x} = 1 + x + \dfrac{x^2}{2!}$
$\qquad + \left(\sin\theta x - \cos^2\theta x - 3\cos 2\theta x - \dfrac{3}{2}\sin 2\theta x \cos\theta x - 3\cos^2\theta x \sin\theta x + \cos^4\theta x\right)\dfrac{e^{\sin\theta x}x^4}{4!}$.

ただし, 上記 (1) (2) (3) の θ は $0 < \theta < 1$ を満たす実数である.

4. 公式を用いて, 次の関数をマクローリン展開せよ.

(1) $y = \sin 2x$

(解) $\sin x$ のマクローリン展開 $\sin x = x - \dfrac{1}{3!}x^3 + \dfrac{1}{5!}x^5 - \cdots$ の x に $2x$ を代入して

$$\sin 2x = 2x - \dfrac{1}{3!}(2x)^3 + \dfrac{1}{5!}(2x)^5 - \cdots.$$

(2) $y = \sqrt{1+x}$

(解) ニュートンの二項定理を用いる. $(2n-3)!! = (2n-3)(2n-5)\cdots 5\cdot 3\cdot 1$ として

$$(1+x)^{\frac{1}{2}} = 1 + \dfrac{1}{2}x + \dfrac{\frac{1}{2}\cdot\left(-\frac{1}{2}\right)}{2!}x^2 + \cdots + \dfrac{\frac{1}{2}\left(-\frac{1}{2}\right)\cdots\left(\frac{1}{2} - n + 1\right)}{n!}x^n + \cdots$$

$$= 1 + \dfrac{1}{2}x + \dfrac{1}{2!}\dfrac{-1}{4}x^2 + \sum_{n=3}^{\infty}\dfrac{1}{n!}\dfrac{(-1)^{n-1}(2n-3)!!}{2^n}x^n + \cdots$$

ただし, $(2n-3)!! = 1\cdot 3\cdots 5\cdots(2n-3)$ である.

(3) $\boxed{y = \dfrac{1}{1+x} \ (|x| < 1)}$

(解) 等比級数の和の公式 $\dfrac{1}{1-x} = 1 + x + x^2 + \cdots + x^n + \cdots \ (|x| < 1)$ に $-x$ を代入する.

$$\frac{1}{1+x} = 1 - x + x^2 + \cdots + (-1)^n x^n + \cdots .$$

5. $\boxed{\text{極限} \ \lim_{x \to 0} \dfrac{x(e^x - 1 - \log(1+x))}{x - \sin x} \ \text{をマクローリン展開を用いて求めよ.}}$

(解)
$$\lim_{x \to 0} \frac{x(e^x - 1 - \log(1+x))}{x - \sin x} = \lim_{x \to 0} \frac{x\left\{\left(x + \frac{x^2}{2!} + \frac{x^3}{3!} + \frac{x^4}{4!} + \cdots\right) - \left(x - \frac{x^2}{2} + \frac{x^3}{3} - \frac{x^4}{4} + \cdots\right)\right\}}{x - \left(x - \frac{x^3}{3!} + \frac{x^5}{5!} + \cdots\right)}$$

$$= \lim_{x \to 0} \frac{x^3 - \frac{x^4}{6} + \cdots}{\frac{x^3}{3!} - \frac{x^5}{5!} + \cdots} = \lim_{x \to 0} \frac{1 - \frac{x}{6} + \cdots}{\frac{1}{3!} - \frac{x^2}{5!} + \cdots} = \frac{1}{\frac{1}{3!}} = 6.$$

6. $\boxed{\Delta x \ \text{が十分小さいならば} \ \sin \Delta x \fallingdotseq \Delta x \ \text{を示せ.}}$

(解) $\sin \Delta x \fallingdotseq \sin 0 + \dfrac{d \sin x}{dx}(0) \cdot \Delta x = \cos 0 \cdot \Delta x = \Delta x.$

7. $\boxed{\sin 0.3 \ \text{の値を小数第 2 位まで求めよ.}}$

(解) $\sin x$ にマクローリンの定理を用いると, $2n+1$ 次の剰余項のついたマクローリン展開は

$$\sin x = x - \frac{x^3}{3!} + \cdots + (-1)^{n-1} \frac{x^{2n-1}}{(2n-1)!} + (-1)^k \frac{\sin^{(2n+1)} \theta x}{(2n+1)!} x^{2n+1} \ (0 < \theta < 1)$$

となる. この剰余項について $n = 2$ のとき $\left| \dfrac{\sin \theta x}{5!} x^5 \right| < \dfrac{|x|^5}{5!}$ である. このとき右辺の 3 次の項までの和は $x = 0.3$ のとき 0.2955 であり, 剰余項は 2.025×10^{-5} 未満なので四捨五入の対象となる小数第 3 位に影響しない. よって 3 次の項までの計算で十分であり, これを四捨五入して $\sin 0.3 \fallingdotseq 0.30$ となる.

8. $\boxed{\sqrt[3]{30} \ \text{の値を小数第 2 位まで求めよ.}}$

(解) $\sqrt[3]{30} = 3\sqrt[3]{1 + \dfrac{1}{9}}$ と変形し, マクローリンの定理を用いる. $\sqrt[3]{1+x}$ の $n+1$ 次の剰余項のついたマクローリン展開は

$$(1+x)^{\frac{1}{3}} = 1 + \frac{1}{3}x + \frac{\frac{1}{3}\left(\frac{1}{3} - 1\right)}{2!}x^2 + \cdots + \frac{\frac{1}{3}\left(\frac{1}{3} - 1\right) \cdots \left(\frac{1}{3} - n + 1\right)}{n!}x^n + \frac{\frac{1}{3}\left(\frac{1}{3} - 1\right) \cdots \left(\frac{1}{3} - n\right)}{(n+1)!}(1+\theta x)^{-n-\frac{1}{3}}x^{n+1}$$

$(0 < \theta < 1)$ となる. いま剰余項について $n = 3$ のとき

$$\left| \frac{\frac{1}{3}\left(\frac{1}{3} - 1\right)\left(\frac{1}{3} - 2\right)\left(\frac{1}{3} - 3\right)}{4!}(1+\theta x)^{\frac{-10}{3}}x^4 \right| < \left| \frac{\frac{1}{3}\left(\frac{1}{3} - 1\right)\left(\frac{1}{3} - 2\right)\left(\frac{1}{3} - 3\right)}{4!}|x|^4 \right|$$

となる. このとき, 右辺の 3 次の項までの和は $x = \dfrac{1}{3}$ とすると $3.1072\cdots$ であり, 剰余項は $0.000019\cdots$ 未満なので四捨五入の対象となる小数第 3 位に影響しない. よって 3 次までの計算で十分であり, これを四捨五入して $\sqrt[3]{30} \fallingdotseq 3.11$ となる.

注意: この例題で, 最初に $\sqrt[3]{30} = 4\sqrt[3]{1 - \dfrac{34}{64}}$ とすることもできるが, $\dfrac{34}{64}$ は 1 に比べてあまり小さくないので計算の際に収束が遅くなり, より多くの項の計算をしなくてはならない. 計算機を用いる際にも収束の速さを考えることは重要である.

7.2 基本問題

1. 恒等式 $2x^4 + 5x^3 - 3x^2 + x + 2 = 2(x-1)^4$ $+ a(x-1)^3 + b(x-1)^2 + c(x-1) + d$ が成り立つとき，定数 a, b, c, d を決めよ．

2. 次の各々の関数について，4 次の剰余項のついたマクローリン展開を求めよ．
   (1) $y = \cos x$

   (2) $y = \tan x$

   (3) $y = \log(x+1)$

3. 次の各々の関数をマクローリン展開せよ．
   (1) $y = \sin 3x$

   (2) $y = \sqrt{2+x}$

   (3) $y = \dfrac{1}{2-x}$

4. マクローリンの定理を用いて，次の各々の極限を求めよ．
   (1) $\displaystyle \lim_{x \to 0} \frac{\sin x}{x}$

   (2) $\displaystyle \lim_{x \to 0} \frac{e^x - 1}{x}$

7.3 標準問題

1. x^{100} を $(x+1)^3$ で割った余りを求めよ.

2. 次の各々の関数について，4 次の剰余項のついたマクローリン展開を求めよ.
    (1) $y = 1 + \sin 2x$

    (2) $y = \sqrt{1+2x}$

3. 次の各々の関数をマクローリン展開せよ.
    (1) $y = e^{2x} + e^{-2x}$

    (2) $y = a^x \ (a \neq 1, a > 0)$

    (3) $y = (1+x)^{\frac{1}{4}}$

    (4) $y = \tan^{-1} x$ （ヒント: $y' = \dfrac{1}{1+x^2} = f(x)$
        として，$f(x)$ のマクローリン展開を用いる.）

4. 公式を利用して，次の各々の関数のマクローリン展開を求めよ.
    (1) e^{x^2}

    (2) $\cos 2x^2$

5. 次の各々の極限を求めよ.
    (1) $\displaystyle \lim_{x \to 0} \frac{x(e^{-x} - 1)}{1 - \cos x}$

    (2) $\displaystyle \lim_{x \to 0} \frac{\sin x \tan x}{x \log(1+x)}$

6. $\sqrt{15}$ の近似値を小数第 2 位まで求めよ.
    （ヒント: $\sqrt{15} = 4\sqrt{1 - \dfrac{1}{16}}$ を利用し x の 2 乗までのマクローリン展開を求めて計算せよ.）

7.4　発展問題

1. ニュートンの二項定理を示せ.

2. ロルの定理からテイラーの定理を示せ.

3. $\sqrt[3]{9}$ の値を，4次の剰余項のついたマクローリンの公式を利用して，小数第2位まで求め，誤差を評価せよ.

4. $y = \sin^{-1} x$　のマクローリン展開を求めよ.

7.5 補充問題

1. 次のマチンの公式

$$\frac{\pi}{4} = 4\tan^{-1}\left(\frac{1}{5}\right) - \tan^{-1}\left(\frac{1}{239}\right)$$

を示し，$\tan^{-1} x$ の 4 次までのマクローリン展開を計算して円周率の近似値を小数第 2 位まで求めよ．(ヒント: $\tan\theta = \frac{1}{5}$ となる θ をとり，$\tan\left(4\theta - \frac{\pi}{4}\right)$ を計算せよ．)

2. 次の各々の級数について問に答えよ．

(1) $1 + 2x + 4x^2 + 8x^3 + 16x^4 + \cdots + 2^{n-1}x^{n-1} + \cdots$
が収束する x の範囲を求めよ．

(2) $x - \dfrac{1}{4!}x^3 + \dfrac{1}{6!}x^5 - \cdots + \dfrac{(-1)^n}{(2n+2)!}x^{2n+1} + \cdots$
はすべての x について収束することを示せ．
(ヒント: 各 x について e^x 以下であることを示す．)

(3) $x - \dfrac{x^2}{2} + \dfrac{x^3}{3} - \cdots + (-1)^{n+1}\dfrac{x^n}{n} + \cdots$
は $|x| < 1$ のとき収束することを示せ．

第8章 関数のグラフと凹凸

1. 関数の増加・減少
   関数 $y = f(x)$ が開区間 (a, b) で微分可能かつ，この区間内の各点で

   (1) $f'(x) > 0$ なら，関数 $y = f(x)$ は，この区間で増加関数である．

   (2) $f'(x) < 0$ なら，関数 $y = f(x)$ は，この区間で減少関数である．

   (3) $f'(x) = 0$ なら，関数 $y = f(x)$ は，この区間で一定である．

2. 関数の凹凸
   関数 $y = f(x)$ が開区間 (a, b) で2回微分可能かつ，この区間内の各点で

   (1) $f''(x) > 0$ なら，傾き $f'(x)$ が増加関数となり，関数 $y = f(x)$ は，この区間で下に凸である．

   (2) $f''(x) < 0$ なら，傾き $f'(x)$ が減少関数となり，関数 $y = f(x)$ は，この区間で上に凸である．

   (3) $x = c$ が関数 $y = f(x)$ の変曲点ならば，$f''(c) = 0$ である (注: 逆は成立しない)．

   (4) ある点で $f''(x)$ の符号が変化するなら，その点は変曲点である．

3. 関数の最大最小
   関数 $y = f(x)$ が閉区間 $[a, b]$ で連続かつ開区間 (a, b) で微分可能のとき，
   両端点での値または極値で各々最大値および最小値となるものがある．

4. 極値の条件

   (1) $x = c$ で関数 $y = f(x)$ が極値をとれば，$f'(c) = 0$ となる (注: 逆は成立しない)．

   (2) $x = c$ の近傍で $f'(x)$ が連続かつ，$x = c$ で $f'(x)$ の符号が負から正に変化するなら，
       関数 $y = f(x)$ は $x = c$ で極小となる．

   (3) $x = c$ の近傍で $f'(x)$ が連続かつ，$x = c$ で $f'(x)$ の符号が正から負に変化するなら，
       関数 $y = f(x)$ は $x = c$ で極大となる．

5. 上の 1,2 の関数の変化 (増減) を表で表すと下記のようになる．この表を増減表という．

x		a		b	
$f'(x)$	+	0	−	0	+
$f(x)$	↗	極大	↘	極小	↗

x		a		b		c	
$f'(x)$	+	0	−	−	−	0	+
$f''(x)$	−	−	−	0	+	+	+
$f(x)$	↗	極大	↘	変曲点	↘	極小	↗

6. 漸近線
   ある定数 M について $x < M$ または $x > M$ で $f(x) \neq ax + b$ となり，$\lim\limits_{x \to \pm\infty} (f(x) - (ax + b)) = 0$ となる
   とき，$y = ax + b$ を曲線 $y = f(x)$ の漸近線という．
   また $\lim\limits_{x \to a(\pm 0)} f(x) = \pm\infty$ のとき $x = a$ を曲線 $y = f(x)$ の漸近線という．

8.1 例題

1. 関数 $f(x) = x^3 - 2x^2 + x + 1$ について，増減を調べグラフを描け．

(解)$f'(x) = 3x^2 - 4x + 1 = (3x - 1)(x - 1)$ となり $\lim_{x \to \pm\infty} f(x) = \pm\infty$ なので，増減表とグラフはそれぞれ次のようになる．

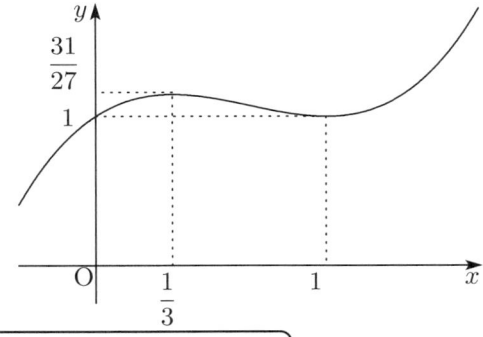

x		$\dfrac{1}{3}$		1	
$f'(x)$	$+$	0	$-$	0	$+$
$f(x)$	$\nearrow$	$\dfrac{31}{27}$	$\searrow$	1	$\nearrow$

2. 関数 $f(x) = e^{-\frac{x^2}{2}}$ について，凹凸と増減および漸近線を調べグラフを描け．

(解)$f'(x) = -xe^{-\frac{x^2}{2}}$，$f''(x) = e^{-\frac{x^2}{2}}(x+1)(x-1)$ となり，$\lim_{x \to \pm\infty} f(x) = 0$ なので増減表とグラフと漸近線はそれぞれ次のようになる．

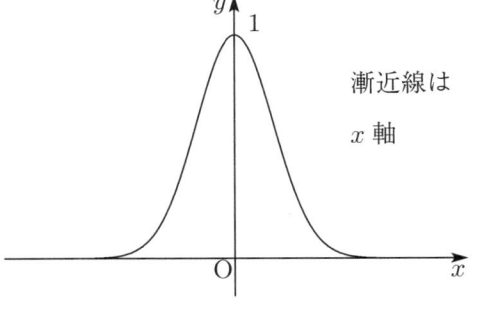

漸近線は

x 軸

x	$-\infty$		-1		0		1		∞
$f'(x)$	$+$	$+$	$+$	$+$	0	$-$	$-$	$-$	$-$
$f''(x)$	$+$	$+$	0	$-$	$-$	$-$	$+$	$+$	
$f(x)$	0	$\nearrow$	$e^{-\frac{1}{2}}$	$\nearrow$	1	$\searrow$	$e^{-\frac{1}{2}}$	$\searrow$	0

3. 周囲の長さが $2a$ の長方形で，面積が最大となるものを求めよ．

(解) 長方形の一辺の長さを x $(0 < x < a)$ とする．面積 S は $S(x) = x(a - x)$ となる．よって $S'(x) = a - 2x$ となり，増減表は次のようになるので，正方形のとき面積が最大となる．

x	0		$\dfrac{a}{2}$		a
$f'(x)$		$+$	0	$-$	
$f(x)$		$\nearrow$	$\dfrac{a^2}{4}$	$\searrow$	

4. 関数 $f(x) = \sin 2x - x \ (0 \leqq x \leqq \pi)$ について，最大値および最小値を求めよ．

(解)$f'(x) = 2\cos 2x - 1$ なので，増減表は次のようになる．両端の値と極値を比べて，最大値は $\dfrac{3\sqrt{3} - \pi}{6}$ で最小値は $-\dfrac{3\sqrt{3} + 5\pi}{6}$ となる．

x	0		$\dfrac{\pi}{6}$		$\dfrac{5\pi}{6}$		π
$f'(x)$		$+$	0	$-$	0	$+$	
$f(x)$	0	$\nearrow$	$\dfrac{3\sqrt{3} - \pi}{6}$	$\searrow$	$-\dfrac{3\sqrt{3} + 5\pi}{6}$	$\nearrow$	$-\pi$

5. $x > 0$ で $e^x > 1 + x$ を示せ．

(解)$f(x) = e^x - (1 + x)$ とおくと，$f'(x) = e^x - 1$ となり増減表は次のようになる．

x	0	
$f'(x)$	0	$+$
$f(x)$	0	$\nearrow$

よって $x > 0$ で $f(x) > 0$ となり不等式が示される．

8.2 基本問題

1. 関数 $f(x) = 2x^3 - 3x^2 - 12x + 2$ について，増減を調べグラフを描け．

2. 関数 $f(x) = \sin^2 x + \cos x\ (-\pi \leqq x \leqq \pi)$ について，増減を調べグラフを描け．

3. 関数 $f(x) = x - 2\sin x \ (-\pi \leqq x \leqq \pi)$ について，凹凸と増減を調べグラフを描け．

4. 関数 $f(x) = 3\sin x - 2\sin^3 x \ (0 \leqq x \leqq \pi)$ について，最大値および最小値を求めよ．

5. $x > 1$ で $x - 1 > \log x$ を示せ．

8.3 標準問題

1. 関数 $f(x) = \dfrac{x^2 + 2x - 3}{x^2}$ について，凹凸と増減および漸近線を調べグラフを描け．

2. 関数 $f(x) = \dfrac{\log x}{x}$ について，凹凸と増減および漸近線を調べグラフを描け．

3. できるだけ少ない量の金属で，できるだけ大きな容積の缶詰の缶を作りたい．缶が表面積 S をもつ円柱のとき，缶の体積 V が最大となるものを求めよ．

4. 関数 $f(x) = \dfrac{3x}{x^2 + x + 2}$ について，最大値および最小値を求めよ．

8.4 発展問題

1. 正の実数 $a_1, a_2, \cdots, a_n$ と $p_1, p_2, \cdots, p_n$ $(p_1 + p_2 + \cdots + p_n = 1)$ について，

$$p_1 a_1 + p_2 a_2 + \cdots + p_n a_n \geqq a_1^{p_1} a_2^{p_2} \cdots a_n^{p_n}$$

を示せ．
(ヒント: $\log x$ が上に凸であることを利用せよ．)

2. π を円周率，e を自然対数の底とする．$\alpha = e^\pi, \beta = \pi^e$ とし，次の問に答えよ．ただし，必要ならば $2.7 < e < 2.8, 3.1 < \pi < 3.2$ であることを用いてよい．

(1) $x > e$ のとき，不等式 $e^x > x^e$ が成り立つことを示せ．

(2) 4 つの実数 $e^\alpha, e^\beta, \pi^\alpha, \pi^\beta$ を小さいほうから順に並べ，その大小関係が成り立つ理由を述べよ．

第9章　不定積分とその公式

1. 不定積分

   (1) $F'(x) = f(x)$ となる関数 $F(x)$ を，関数 $f(x)$ の原始関数という．

   (2) 関数 $f(x)$ の不定積分 $\displaystyle\int f(x)dx$ とは，微分して $f(x)$ になる関数である．

   $$\int f(x)dx = F(x) + C$$

   (3) 不定積分の性質や公式はすべて微分の性質や公式からえられる．

2. 不定積分の基本性質

   (1) 線形性 $\displaystyle\int \{af(x) + bg(x)\}\, dx = a\int f(x)dx + b\int g(x)dx$

   (2) 部分積分 $\displaystyle\int f'(x)g(x)dx = f(x)g(x) - \int f(x)g'(x)dx$

   (3) $x = g(t)$ による置換積分 $\displaystyle\int f(x)dx = \int f(g(t))g'(t)dt$

   (4) $g(x) = t$ による置換積分 $\displaystyle\int f(g(x))dx = \int f(t)\frac{dx}{dt}dt$

   (5) 対数を用いた積分 $\displaystyle\int \frac{f'(x)}{f(x)}dx = \log|f(x)| + C$

3. 初等関数の不定積分の公式

---

(1) $\displaystyle\int x^\alpha dx = \frac{1}{\alpha+1}x^{\alpha+1} + C \ (\alpha \neq -1), \quad \int \frac{1}{x}dx = \log|x| + C$

(2) $\displaystyle\int \sin x\, dx = -\cos x + C$

(3) $\displaystyle\int \cos x\, dx = \sin x + C$

(4) $\displaystyle\int \tan x\, dx = -\log|\cos x| + C$

(5) $\displaystyle\int \frac{1}{\cos^2 x}dx = \tan x + C$

(6) $\displaystyle\int e^x dx = e^x + C$

(7) $\displaystyle\int a^x dx = \frac{a^x}{\log a} + C \quad (a \neq 1, a > 0)$

(8) $\displaystyle\int \frac{1}{\sqrt{a^2 - x^2}}dx = \sin^{-1}\frac{x}{a} + C = -\cos^{-1}\frac{x}{a} + C$

(9) $\displaystyle\int \frac{1}{a^2 + x^2}dx = \frac{1}{a}\tan^{-1}\frac{x}{a} + C$

9.1 例題

1. 次の各々の不定積分を求めよ.

(1) $\boxed{\displaystyle\int (4x^2 + 2x + 5)dx}$

(解) $\displaystyle\int (4x^2 + 2x + 5)dx = 4\int x^2 dx + 2\int x dx + 5\int 1 dx = \frac{4}{3}x^3 + x^2 + 5x + C.$

(2) $\boxed{\displaystyle\int \sqrt[3]{x}\,dx}$

(解) $\displaystyle\int \sqrt[3]{x}\,dx = \int x^{\frac{1}{3}}dx = \frac{1}{\frac{1}{3}+1}x^{\frac{1}{3}+1} = \frac{3}{4}x^{\frac{4}{3}} + C.$

(3) $\boxed{\displaystyle\int (3x+1)^2 dx}$

(解) $3x+1=t$ とおくと $\displaystyle\int (3x+1)^2 dx = \int t^2 \frac{dx}{dt}dt = \frac{1}{3}\int t^2 dt = \frac{1}{9}t^3 + C = \frac{1}{9}(3x+1)^3 + C.$

(4) $\boxed{\displaystyle\int 3x^2(x^3+1)^3 dx}$

(解) $x^3+1=t$ とおくと $\displaystyle\int 3x^2(x^3+1)^3 dx = \int t^3 \frac{dt}{dx}dx = \int t^3 dt = \frac{1}{4}t^4 + C = \frac{1}{4}(x^3+1)^4 + C.$

(5) $\boxed{\displaystyle\int \sin 3x\,dx}$

(解) $3x=t$ とおくと $\displaystyle\int \sin 3x\,dx = \int \sin t \frac{dx}{dt}dt = -\frac{1}{3}\cos t + C = -\frac{1}{3}\cos 3x + C.$

(6) $\boxed{\displaystyle\int x\sqrt{2-x}\,dx}$

(解) $2-x=t$ とおくと

$$\int x\sqrt{2-x}\,dx = \int (2-t)t^{\frac{1}{2}}\frac{dx}{dt}dt = \int \left(t^{\frac{3}{2}} - 2t^{\frac{1}{2}}\right)dt = \frac{2}{5}t^{\frac{5}{2}} - \frac{4}{3}t^{\frac{3}{2}} + C = \frac{2}{5}(2-x)^{\frac{5}{2}} - \frac{4}{3}(2-x)^{\frac{3}{2}} + C.$$

(7) $\boxed{\displaystyle\int xe^x dx}$

(解) $\displaystyle\int xe^x dx = \int x(e^x)' dx = xe^x - \int x'e^x dx = xe^x - e^x + C.$

(8) $\boxed{\displaystyle\int e^x \sin x\,dx}$

(解) $I = \displaystyle\int e^x \sin x\,dx$ とおいて部分積分を2回行う.

$$I = \int (e^x)' \sin x = e^x \sin x - \int e^x \cos x\,dx = e^x \sin x - \left(e^x \cos x + \int e^x \sin x\,dx\right) = e^x \sin x - e^x \cos x - I$$

となるので $I = \dfrac{1}{2}e^x(\sin x - \cos x) + C.$

(9) $\boxed{\displaystyle\int \log x\,dx}$

(解) $\displaystyle\int \log x\,dx = \int x' \log x\,dx = x\log x - \int x\cdot(\log x)' dx = x\log x - \int 1 dx = x\log x - x + C.$

9.2 基本問題

1. 次の各々の不定積分を求めよ.

(1) $\displaystyle\int (2x^3 + 4x + 3)dx$

(2) $\displaystyle\int (3 - 2x)^3 dx$

(3) $\displaystyle\int \frac{1}{\sqrt[3]{x+1}}dx$

(4) $\displaystyle\int \frac{1}{(3x+2)^3}dx$

(5) $\displaystyle\int (\cos 2x + \tan 4x)dx$

(6) $\displaystyle\int \tan^2 x\, dx$

(7) $\displaystyle\int (a^x + b^{2x})dx$

(8) $\displaystyle\int \frac{1}{4 + x^2}dx$

(9) $\displaystyle\int x e^{x^2}dx$

(10) $\displaystyle\int x \log x\, dx$

9.3 標準問題

1. 次の各々の不定積分を求めよ.

(1) $\displaystyle\int x^2 e^{2x}\,dx$

(2) $\displaystyle\int e^x \cos x\,dx$

(3) $\displaystyle\int (x^2 + 2x)(x^3 + 3x^2 + 4)^3\,dx$

(4) $\displaystyle\int \sqrt{4 - x^2}\,dx$
$\left(\text{ヒント : } x = 2\cos\theta,\, 0 \leqq \theta \leqq \dfrac{\pi}{2}\right)$

(5) $\displaystyle\int (2x + 3)\sqrt{3 - x}\,dx$

(6) $\displaystyle\int \sin^{-1} x\,dx$　$\left(\text{ヒント : } \sin^{-1} x = x' \sin^{-1} x\right)$

(7) $\displaystyle\int \frac{1 + \log 2x}{x}\,dx$

(8) $\displaystyle\int x(\log x)^2\,dx$

(9) $\displaystyle\int \log x\,dx$

(10) $\displaystyle\int \frac{x^2 + 2x}{x^3 + 3x^2 + 4}\,dx$

9.4 発展問題

1. 置換積分の公式を，合成関数の微分法の公式から導け．

2. 部分積分法の公式を，積の微分法の公式から導け．

3. n を自然数とするとき，不定積分 $I_n = \int x(\log x)^n dx$ を求めよ．

4. n を自然数とするとき，不定積分 $I_n = \int \sin^n x dx$ の漸化式を求めよ．

9.5 補充問題

1. 不定積分 $I_n = \displaystyle\int \frac{dx}{(x^2 + ax + b)^n}$ について，部分積分法を用いて漸化式を求めよ．

2. 不定積分 $\displaystyle\int \sqrt{a^2 - x^2}\,dx$ を，次の各々の置換を用いて求めよ．ただし，$a > 0$ とする．

    (1) $x = a\sin\theta$

    (2) $x = a\cos\theta$

第10章　有理関数の積分

1. 有理関数

$$P(x) \neq 0, Q(x) \text{ を多項式関数として } \frac{Q(x)}{P(x)} \text{ と表される関数}$$

2. 部分分数への分解

分子 $Q(x)$ の次数 < 分母 $P(x)$ の次数のとき，有理関数は次の形の分数式 (部分分数) の和にできる.

$$\frac{k_1}{x+a}, \frac{k_2}{(x+a)^2}, \cdots, \frac{k_m}{(x+a)^m}, \frac{\ell_1 x + d_1}{x^2 + bx + c}, \frac{\ell_2 x + d_2}{(x^2 + bx + c)^2}, \cdots, \frac{\ell_n x + d_n}{(x^2 + bx + c)^n}$$

3. 有理関数の不定積分

部分分数に分解して，各部分分数の不定積分を求める.

(1) $\dfrac{k}{(x+a)^n}$ の不定積分

$$\int \frac{k}{(x+a)^n} dx = \begin{cases} \dfrac{k}{-n+1}(x+a)^{-n+1} + C & (n \neq 1) \\[3mm] k \log(x+a) + C & (n = 1) \end{cases}$$

(2) $\dfrac{cx+d}{(x^2 + ax + b)^n}$ の不定積分

次のように分けて (3),(4) の計算を行う.

$$\frac{cx+d}{(x^2 + ax + b)^n} = \frac{c(x^2 + ax + b)'}{2(x^2 + ax + b)^n} + \left(d - \frac{ac}{2}\right) \frac{1}{(x^2 + ax + b)^n}$$

(3) $\dfrac{(x^2 + ax + b)'}{(x^2 + ax + b)^n}$ の不定積分

$$\int \frac{(x^2 + ax + b)'}{(x^2 + ax + b)^n} dx = \begin{cases} \dfrac{1}{-n+1}(x^2 + ax + b)^{-n+1} + C & (n \neq 1) \\[3mm] \log(x^2 + ax + b) + C & (n = 1) \end{cases}$$

(4) $\dfrac{1}{(x^2 + ax + b)^n}$ の不定積分

$$x^2 + ax + b = \left(x + \frac{1}{2}a\right)^2 + \left(\frac{\sqrt{4b - a^2}}{2}\right)^2 \text{ と変形する.}$$

(i) $n = 1$ のとき　$\displaystyle \int \frac{1}{(x+p)^2 + q^2} dx = \frac{1}{q} \tan^{-1}\left(\frac{x+p}{q}\right) + C$

(ii) $n > 1$ のとき　$\displaystyle I_n = \int \frac{1}{((x+p)^2 + q^2)^n} dx$ とおき，以下の漸化式を用いる.

$$I_{n+1} = \frac{1}{2nq^2} \left\{ \frac{x+p}{((x+p)^2 + q^2)^n} + (2n-1)I_n \right\}$$

4. 有理関数と三角関数や指数関数の合成関数の不定積分

x の有理関数 $f(x)$ および x,y の有理関数 $f(x,y)$ について，次の置換を行って有理関数の積分に帰着して不定積分を求める．

(1) $\displaystyle\int f(\sin x)\cos x\,dx$ の形の不定積分は，$t=\sin x,\ \cos x\,dx=dt$ と置換する．

(2) $\displaystyle\int f(\cos x)\sin x\,dx$ の形の不定積分は，$t=\cos x,\ \sin x\,dx=-dt$ と置換する．

(3) $\displaystyle\int f(\sin x,\cos x)\,dx$ の形の不定積分は，$t=\tan\dfrac{x}{2}$，

$$\sin x=\frac{2t}{t^2+1},\ \cos x=\frac{1-t^2}{t^2+1},\ dx=\frac{2}{t^2+1}dt$$

と置換する．

(4) $\displaystyle\int f(e^{ax})\,dx$ の形の不定積分は $t=e^{ax},\ dx=\dfrac{1}{at}dt$ と置換する．

10.1 例題

1. 次の各々の不定積分を求めよ.

(1) $\boxed{\displaystyle\int \frac{3x-2}{2x^2-x-3}dx}$

(解) 部分分数へ分解して求める.

$$\int \frac{3x-2}{2x^2-x-3}dx = \int \left(\frac{1}{2x-3}+\frac{1}{x+1}\right)dx = \frac{1}{2}\log|2x-3|+\log|x+1|+C.$$

(2) $\boxed{\displaystyle\int \frac{\sin x}{3+2\cos x}dx}$

(解) $t=\cos x$ とおくと $dt=-\sin x dx$ より

$$\int \frac{\sin x}{3+2\cos x}dx = \int \frac{-1}{3+2t}dt = -\frac{1}{2}\log|2t+3|+C = -\frac{1}{2}\log|2\cos x+3|+C.$$

(3) $\boxed{\displaystyle\int \frac{1}{3+2\cos x}dx}$

(解) $t=\tan\dfrac{x}{2}$, $\cos x=\dfrac{1-t^2}{t^2+1}$ とおくと $dx=\dfrac{2}{t^2+1}dt$ より,

$$\int \frac{1}{3+2\cos x}dx = \int \frac{1}{3+\frac{2(1-t^2)}{t^2+1}}\frac{2}{t^2+1}dt = \int \frac{2}{t^2+5}dt$$

$$= \frac{2}{\sqrt{5}}\tan^{-1}\frac{t}{\sqrt{5}}+C = \frac{2}{\sqrt{5}}\tan^{-1}\frac{\tan\frac{x}{2}}{\sqrt{5}}+C.$$

(4) $\boxed{\displaystyle\int \frac{e^x}{e^{2x}-1}dx}$

(解) $t=e^x$ とおくと $dt=e^x dx$ より

$$\int \frac{e^x}{e^{2x}-1}dx = \int \frac{1}{t^2-1}dx = \frac{1}{2}\int \left(\frac{1}{t-1}-\frac{1}{t+1}\right)dt = \frac{1}{2}\log\left|\frac{t-1}{t+1}\right|+C = \frac{1}{2}\log\left|\frac{e^x-1}{e^x+1}\right|+C.$$

10.2 基本問題

1. 次の各々の不定積分を求めよ．なお，部分分数への分解は第 1 章で既に計算してある．

(1) $\displaystyle\int \frac{x-3}{6x^2-x-1}dx$

(2) $\displaystyle\int \frac{-x}{2x^2+7x+6}dx$

(3) $\displaystyle\int \frac{\sin x}{3-3\cos x-2\sin^2 x}dx$

(4) $\displaystyle\int \frac{\cos x}{5-\cos 2x-6\sin x}dx$

(5) $\displaystyle\int \frac{e^x}{e^{2x}+1}dx$

(6) $\displaystyle\int \frac{e^x}{e^{2x}-6e^x+5}dx$

10.3 標準問題

1. 次の各々の不定積分を求めよ．なお，部分分数への分解は1章で既に計算してある．

(1) $\displaystyle\int \frac{3x^2 - 9x - 3}{x^3 - 3x^2 + 4}\,dx$

(2) $\displaystyle\int \frac{x^2 - 11x + 15}{x^3 - 3x^2 + 4}\,dx$

(3) $\displaystyle\int \frac{1 + \cos x}{\cos x(1 + \sin x)}\,dx$

(4) $\displaystyle\int \frac{3e^{2x} + 3e^x}{2e^{2x} + 5e^x + 2}\,dx.$

10.4 発展問題

1. 不定積分 $\displaystyle\int \frac{1}{(x+1)(x^2+2)^2}\,dx$ を求めよ.

2. n 次代数方程式 (多項式 $= 0$ の式) は重解も含めて必ず n 個の複素数解をもつ (代数学の基本定理). この事実から, 実数係数 n 次多項式は, 実数係数の多項式の積として, 1 次式および 2 次式の積に因数分解できることを示せ.
   (ヒント: α が n 次代数方程式の解なら, 共役複素数 $\overline{\alpha}$ も, この n 次代数方程式の解であることを示す.)

3. 上の事実を用いて, 実数係数の有理関数は次の形の部分分数の和に分解できることを示せ.
$$\frac{k_1}{x+a},\frac{k_2}{(x+a)^2},\cdots,\frac{k_m}{(x+a)^m},$$
$$\frac{\ell_1 x + d_1}{x^2+bx+c},\frac{\ell_2 x + d_2}{(x^2+bx+c)^2},\cdots,\frac{\ell_n x + d_n}{(x^2+bx+c)^n}.$$

第11章　無理関数の積分

1. 無理関数

   多項式や分数関数の項に，平方根や立方根などの無理式を代入して作られる関数

2. 置換を用いた無理関数の不定積分の求め方の代表例

   x, y の有理関数 $f(x, y)$ に対して，被積分関数が次の各々の場合，次のような置換を行って有理関数の積分に帰着して，不定積分を計算することができる.

   (1) $f\left(x, \sqrt[n]{ax+b}\right)$ $(a \neq 0)$ ならば，$t = \sqrt[n]{ax+b}$ と置換し，次の関係式を用いる.

   $$x = \frac{t^n - b}{a}, \quad dx = \frac{n}{a}t^{n-1}dt$$

   (2) $f\left(x, \sqrt[n]{\dfrac{ax+b}{cx+d}}\right)$ $(c \neq 0)$ ならば，$t = \sqrt[n]{\dfrac{ax+b}{cx+d}}$ と置換し，次の関係式を用いる.

   $$x = \frac{dt^n - b}{-ct^n + a}, \quad dx = \frac{n(ad - bc)t^{n-1}}{(ct^n - a)^2}dt$$

   (3) $f\left(x, \sqrt{ax^2 + bx + c}\right)$ $(D = b^2 - 4ac \neq 0, a \neq 0)$ ならば，a と D の値により次の置換を行う.

   　(i) $a > 0$ ならば，

   $$\sqrt{ax^2 + bx + c} = t - \sqrt{a}\, x$$

   　　と置換し，次の関係式を用いる.

   $$x = \frac{t^2 - c}{b + 2\sqrt{a}\, t}, \qquad \sqrt{ax^2 + bx + c} = \frac{\sqrt{a}\, t^2 + bt + \sqrt{a}\, c}{b + 2\sqrt{a}\, t}$$

   $$dx = \frac{2(\sqrt{a}\, t^2 + bt + \sqrt{a}\, c)}{(2\sqrt{a}\, t + b)^2}dt = \frac{2(t - \sqrt{a}\, x)}{b + 2\sqrt{a}\, t}dt$$

   $$\frac{dx}{\sqrt{ax^2 + bx + c}} = \frac{1}{t - \sqrt{a}\, x}\frac{2(t - \sqrt{a}\, x)}{b + 2\sqrt{a}\, t}dt = \frac{2\, dt}{b + 2\sqrt{a}\, t}$$

   　(ii) $a < 0, D > 0$ ならば，$ax^2 + bx + c = a(x - \alpha)(x - \beta)$ $(\alpha < \beta)$ と因数分解して，

   $$t = \sqrt{\frac{a(x - \beta)}{x - \alpha}}$$

   　　と置換し，次の関係式を用いる.

   $$x = \frac{\alpha t^2 - a\beta}{t^2 - a}, \quad dx = \frac{2a(\beta - \alpha)t}{(t^2 - a)^2}dt, \quad \sqrt{ax^2 + bx + c} = \sqrt{\frac{a(x - \beta)}{x - \alpha}} \cdot (x - \alpha) = \frac{a(\alpha - \beta)t}{t^2 - a}$$

   　(iii) $a < 0, D < 0$ は根号の中が常に負なので実数値関数でない.

3. 無理関数の不定積分の公式

   $$
   \begin{array}{l}
   (1)\ \displaystyle\int \sqrt{x^2 + A}\, dx = \frac{1}{2}\left(x\sqrt{x^2 + A} + A\log\left|x + \sqrt{x^2 + A}\right|\right) + C \\[3mm]
   (2)\ \displaystyle\int \frac{1}{\sqrt{x^2 + A}}\, dx = \log\left|x + \sqrt{x^2 + A}\right| + C \\[3mm]
   (3)\ \displaystyle\int \sqrt{a^2 - x^2}\, dx = \frac{1}{2}x\sqrt{a^2 - x^2} + \frac{1}{2}a^2 \sin^{-1}\frac{x}{a} + C \quad (a > 0)
   \end{array}
   $$

11.1 例題

1. 次の各々の不定積分を求めよ.

(1) $\boxed{\displaystyle\int \frac{1}{x\sqrt{x+1}}\,dx}$

(解) $t=\sqrt{x+1}$ とおくと, $t^2=x+1, 2tdt=dx$ より

$$\int \frac{1}{x\sqrt{x+1}}\,dx = \int \frac{2}{(t^2-1)t}\cdot t\,dt = \int \frac{2}{t^2-1}\,dt = \int \left(\frac{1}{t-1}-\frac{1}{t+1}\right)dt$$

$$= \log\left|\frac{t-1}{t+1}\right|+C = \log\left|\frac{\sqrt{x+1}-1}{\sqrt{x+1}+1}\right|+C.$$

(2) $\boxed{\displaystyle\int \frac{\sqrt{2x+3}}{x\sqrt{x+1}}\,dx}$

(解) $t=\sqrt{\dfrac{2x+3}{x+1}}$ とおくと $x=\dfrac{3-t^2}{t^2-2}$, $dx=-\dfrac{2t}{(t^2-2)^2}\,dt$ となり,

$$\int \frac{\sqrt{2x+3}}{x\sqrt{x+1}}\,dx = \int \frac{t^2-2}{3-t^2}\cdot t\left(-\frac{2t}{(t^2-2)^2}\right)dt = \int \frac{2t^2}{(t^2-3)(t^2-2)}\,dt = \int \left(\frac{6}{t^2-3}-\frac{4}{t^2-2}\right)dt$$

$$= \int \left(\frac{\sqrt 3}{t-\sqrt 3}-\frac{\sqrt 3}{t+\sqrt 3}+\frac{\sqrt 2}{t-\sqrt 2}-\frac{\sqrt 2}{t+\sqrt 2}\right)dt = \sqrt 3\log\left|\frac{t-\sqrt 3}{t+\sqrt 3}\right|-\sqrt 2\log\left|\frac{t-\sqrt 2}{t+\sqrt 2}\right|+C$$

$$= \sqrt 3\log\left|\frac{\sqrt{2x+3}-\sqrt{3(x+1)}}{\sqrt{2x+3}+\sqrt{3(x+1)}}\right|-\sqrt 2\log\left|\frac{\sqrt{2x+3}-\sqrt{2(x+1)}}{\sqrt{2x+3}+\sqrt{2(x+1)}}\right|+C.$$

(3) $\boxed{\displaystyle\int \frac{2x}{\sqrt{x^2-3x+2}}\,dx}$

(解) $\sqrt{x^2-3x+2}=t-x$ とおくと $x=\dfrac{t^2-2}{2t-3}$ である. また, $x^2-3x+2=(t-x)^2$ を微分して,

$2x-3=2(t-x)\left(\dfrac{dt}{dx}-1\right)$ となる. これを整理すると $\dfrac{2(t-x)}{2t-3}\,dt=dx$ となるので,

$$\int \frac{2x}{\sqrt{x^2-3x+2}}\,dx = \int \frac{2\cdot\frac{t^2-2}{2t-3}}{t-x}\cdot\frac{2(t-x)}{2t-3}\,dt = \int \frac{4(t^2-2)}{(2t-3)^2}\,dt = \int \left(1+\frac{6}{2t-3}+\frac{1}{(2t-3)^2}\right)dt$$

$$= t+3\log|2t-3|-\frac{1}{2(2t-3)}+C$$

$$= x+\sqrt{x^2-3x+2}+3\log\left|2x+2\sqrt{x^2-3x+2}-3\right|-\frac{1}{4x+4\sqrt{x^2-3x+2}-6}+C.$$

(4) $\boxed{\displaystyle\int \frac{1}{(1+x)\sqrt{x-x^2}}\,dx}$

(解) $t=\sqrt{\dfrac{x}{1-x}}$ とおくと $x=\dfrac{t^2}{1+t^2}$, $dx=\dfrac{2t}{(1+t^2)^2}\,dt$ となり,

$$\int \frac{1}{(1+x)\sqrt{x-x^2}}\,dx = \int \frac{1}{\left(1+\frac{t^2}{1+t^2}\right)\sqrt{\frac{t^2}{1+t^2}-\frac{t^4}{(1+t^2)^2}}}\frac{2t}{(1+t^2)^2}\,dt = \int \frac{1}{\frac 12+t^2}\,dt$$

$$= \sqrt 2\tan^{-1}\left(\sqrt 2\,t\right)+C = \sqrt 2\tan^{-1}\left(\sqrt{\frac{2x}{1-x}}\right)+C.$$

(5) $\boxed{\displaystyle\int \frac{1}{\sqrt{x^2+2x+3}}\,dx}$

(解) $t=x+1$ とおくと

$$\int \frac{1}{\sqrt{x^2+2x+3}}\,dx = \int \frac{1}{\sqrt{t^2+2}}\,dt = \log\left|t+\sqrt{t^2+2}\right|+C = \log\left|x+1+\sqrt{x^2+2x+3}\right|+C.$$

11.2 基本問題

1. 次の各々の不定積分を求めよ.

(1) $\displaystyle\int \frac{1}{\sqrt{x^2 + 4x + 5}}\,dx$

(2) $\displaystyle\int \frac{1}{\sqrt{x^2 + 2x}}\,dx$

(3) $\displaystyle\int \sqrt{4x^2 + 4x + 5}\,dx$

(4) $\displaystyle\int \frac{x}{\sqrt{3 + x}}\,dx$

11.3 標準問題

1. 次の各々の不定積分を求めよ.

(1) $\displaystyle\int \sqrt{x}\,(2\sqrt[3]{x}+3)\,dx$

(2) $\displaystyle\int \frac{3\sqrt{x}}{\sqrt{x+1}}\,dx$

11.4 発展問題

1. 次の各々の不定積分を求めよ.

(1) $\displaystyle\int \frac{1}{x\sqrt{x^2 - 2x + 3}}\,dx$

(2) $\displaystyle\int \frac{1}{x\sqrt{-x^2 + 3x - 2}}\,dx$

(3) $\displaystyle\int \frac{1}{x+\sqrt{x^2+1}}\,dx$

(4) $\displaystyle\int \frac{\sqrt{4-x^2}}{x}\,dx$

(5) $\displaystyle\int \frac{1}{x\left(x+1+\sqrt{x^2-1}\right)}\,dx$

(6) $\displaystyle\int x^{\frac{1}{3}}\left(3x^{\frac{4}{3}}+2\right)^{\frac{3}{2}}\,dx$

2. 65 ページの 2. にある 4 つの置換について，各々の x を t の関数として表し，$\dfrac{dx}{dt}$ を求めよ.

(1) $t = \sqrt[n]{ax+b}$

(2) $t = \sqrt[n]{\dfrac{ax+b}{cx+d}}$

(3)　(i) $\sqrt{ax^2+bx+c} = t - \sqrt{a}x$

(ii) $t = \sqrt{\dfrac{a(x-\beta)}{x-\alpha}}$

3. 67 ページの 3. にある 3 つの公式を示せ.

(1) $\displaystyle\int \sqrt{x^2+A}\,dx$
$= \dfrac{1}{2}\left(x\sqrt{x^2+A} + A\log\left|x+\sqrt{x^2+A}\right|\right) + C$

(2) $\displaystyle\int \frac{1}{\sqrt{x^2+A}}\,dx = \log\left|x+\sqrt{x^2+A}\right| + C$

(3) $\displaystyle\int \sqrt{a^2-x^2}\,dx$
$\displaystyle\quad = \frac{1}{2}x\sqrt{a^2-x^2} + \frac{1}{2}a^2\sin^{-1}\frac{x}{a} + C \ (a>0)$

4. 次の各々の不定積分について適当な数学公式集 (例: 『森口他著 岩波数学公式 I 1956 岩波書店』) を調べ，初等関数でないことを確かめよ．

(1) $\displaystyle\int \frac{e^x}{x}\,dx$

(2) $\displaystyle\int \frac{1}{\sqrt{x^3+1}+1}\,dx$ （楕円積分）

11.5 補充問題

k を実数とする.

$$u(y) = \int_0^y \frac{dt}{\sqrt{(1-t^2)(1-k^2t^2)}}$$

の逆関数 $y = \mathrm{sn}\, u$ をヤコビの楕円関数と呼ぶ. さらに

$$\mathrm{cn}\, u = \sqrt{1 - \mathrm{sn}^2 u},$$
$$\mathrm{dn}\, u = \sqrt{1 - k^2 \mathrm{sn}^2 u}$$

と定義する. このとき次の問に答えよ.

1. $k = 0$ のとき, $\mathrm{sn}\,(u) = \sin u, \mathrm{cn}\,(u) = \cos u$ を示せ.

2. $(\mathrm{sn}\, u)' = \mathrm{cn}\, u\, \mathrm{dn}\, u,\quad (\mathrm{cn}\, u)' = -\mathrm{sn}\, u\, \mathrm{dn}\, u,$
   $(\mathrm{dn}\, u)' = -k^2 \,\mathrm{sn}\, u\, \mathrm{cn}\, u$ を示せ.

3. 次の 2 式を示せ.

$$\mathrm{cn}^{-1}(x) = \int_x^1 \frac{dt}{\sqrt{(1-t^2)(1-k^2+k^2t^2)}},$$
$$\mathrm{dn}^{-1}(x) = \int_x^1 \frac{dt}{\sqrt{(1-t^2)(t^2-1+k^2)}}$$

第12章　定積分と微分積分学の基本定理

1. 定積分の定義
   閉区間 $[a,b]$ で連続な関数 $f(x)$ について，次のように定積分を定義する．

   (i) 区間 $[a,b]$ の分割　$\Delta = \{x_0, x_1, \cdots, x_n\}$　$(a = x_0 < x_1 < \cdots < x_n = b$ かつ n は任意の自然数$)$

   (ii) 分割 Δ の代表点　$c = \{c_1, c_2, \cdots, c_n\}$　$(x_{i-1} < c_i < x_i$ を任意にとる$)$

   (iii) 部分和　$S(\Delta, c) = \displaystyle\sum_{i=1}^{n} f(c_i)(x_i - x_{i-1})$

   (iv) 極限　$\displaystyle\lim_{m(\Delta) \to 0} S(\Delta, c) = \lim_{m(\Delta) \to 0} \sum_{i=1}^{n} f(c_i)(x_i - x_{i-1})$　$(m(\Delta)$ は各 $|x_i - x_{i-1}|$ の最大値$)$

   (v) 定積分の存在　分割 Δ とその代表点 c の選び方に依存しないで極限が決まる場合，この極限値を

   $$\int_a^b f(x)dx$$

   と表し，定積分という．

2. 区分求積法
   特に，関数 $y = f(x)$ に対し，次のように分割や代表点をとった場合を区分求積法という．

   (1) 分割　$a = x_0, x_1 = a + \dfrac{b-a}{n}, x_2 = a + \dfrac{2(b-a)}{n}, \cdots, x_i = a + \dfrac{i(b-a)}{n}, \cdots, x_n = b$

   (2) 代表点　$x_0, x_1, \cdots, x_{n-1}$ または $x_1, x_2, \cdots, x_n$

3. 定積分と不定積分
   定積分は「面積」，不定積分は「原始関数」を表し，本質的に異なるものである．

4. 定積分が存在する十分条件
   閉区間 $[a,b]$ で連続な関数は，この区間で積分可能である．

5. 定積分の性質
   2つの関数 $y = f(x), y = g(x)$ が a, b, c を含む区間 I で積分可能なら，次が成立する．

   (1) $\displaystyle\int_a^b (\alpha f(x) + \beta g(x))dx = \alpha \int_a^b f(x)dx + \beta \int_a^b g(x)dx$　（積分と計算の順序交換）

   (2) $\displaystyle\int_a^b f(x)dx = \int_a^c f(x)dx + \int_c^b f(x)dx$　（加法性）

   (3) 区間 I で常に $f(x) \leqq g(x)$ ならば $\displaystyle\int_a^b f(x)dx \leqq \int_a^b g(x)dx$　（大小関係の保持）

6. 定積分の平均値の定理
   関数 $f(x)$ が区間 $[a,b]$ で連続ならば

   $$\int_a^b f(x)dx = f(c)(b-a)$$

   となる $c\,(a < c < b)$ が存在する．

7. 微分と定積分の関係

関数 $f(x)$ が a を含む区間 I で連続なら，関数 $\boxed{F(x) = \displaystyle\int_a^x f(t)dt}$ は区間 I で微分可能で，次の式が成立する．

$$F'(x) = \frac{d}{dx}\int_a^x f(t)dt = f(x)$$

8. 微分積分学の基本定理

関数 $f(x)$ が区間 $[a, b]$ で連続で $f(x)$ の原始関数の 1 つが $F(x)$ ならば，次が成立する．

$$\int_a^b f(x)dx = F(b) - F(a)$$

---

9. 置換積分法

$a = g(\alpha), b = g(\beta), x = g(t)$ ならば

$$\int_a^b f(x)dx = \int_\alpha^\beta f(g(t))g'(t)dt$$

10. 部分積分法

$$\int_a^b f'(x)g(x)dx = [f(x)g(x)]_a^b - \int_a^b f(x)g'(x)dx$$

12.1 例題

1. 極限 $\lim_{n\to\infty}\left\{n^{-\frac{4}{3}}\left(\sqrt[3]{1}+\sqrt[3]{2}+\cdots+\sqrt[3]{n}\right)\right\}$ を求めよ.

(解) 区分求積による定積分の計算より

$$\lim_{n\to\infty}\left\{n^{-\frac{4}{3}}\left(\sqrt[3]{1}+\sqrt[3]{2}+\cdots+\sqrt[3]{n}\right)\right\}=\lim_{n\to\infty}\left\{\frac{1}{n}\left(\sqrt[3]{\frac{1}{n}}+\sqrt[3]{\frac{2}{n}}+\cdots+\sqrt[3]{\frac{n}{n}}\right)\right\}$$
$$=\int_0^1 x^{\frac{1}{3}}\,dx=\left[\frac{3}{4}x^{\frac{4}{3}}\right]_0^1=\frac{3}{4}.$$

2. $\int_0^1(x^3-2x^2+x+3)dx$ の値を求めよ.

(解) 基本定理を用いて

$$\int_0^1(x^3-2x^2+x+3)dx=\left[\frac{1}{4}x^4-\frac{2}{3}x^3+\frac{1}{2}x^2+3x\right]_0^1=\frac{1}{4}-\frac{2}{3}+\frac{1}{2}+3=\frac{37}{12}.$$

3. $\int_{-1}^1(x-1)^{100}dx$ の値を求めよ.

(解) $t=x-1$ とおくと $dx=dt$ で積分範囲は $[-2,0]$ となるので

$$\int_{-1}^1(x-1)^{100}dx=\int_{-2}^0 t^{100}dt=\left[\frac{1}{101}t^{101}\right]_{-2}^0=\frac{2^{101}}{101}.$$

4. $\int_1^5\log x\,dx$ の値を求めよ.

(解) 部分積分を用いて

$$\int_1^5\log x\,dx=[x\log x]_1^5-\int_1^5 x(\log x)'\,dx=5\log 5-\int_1^5 1dx=5\log 5-[x]_1^5=5\log 5-4.$$

5. 連続関数 $f(t)$ について $\dfrac{d}{dx}\displaystyle\int_{-2x}^{2x}f(t)dt$ を求めよ.

(解) 積分区間を分割した後に合成関数の微分法および微分と定積分の関係を用いる.

$$\frac{d}{dx}\int_{-2x}^{2x}f(t)dt=\frac{d}{dx}\left(\int_{-2x}^0 f(t)dt+\int_0^{2x}f(t)dt\right)=\frac{d}{dx}\left(-\int_0^{-2x}f(t)dt+\int_0^{2x}f(t)dt\right)$$
$$=-\left(\frac{d}{d(-2x)}\int_0^{-2x}f(t)dt\right)\frac{d(-2x)}{dx}+\left(\frac{d}{d(2x)}\int_0^{2x}f(t)dt\right)\frac{d(2x)}{dx}$$
$$=2f(-2x)+2f(2x).$$

12.2 基本問題

1. $\displaystyle \lim_{n\to\infty} \frac{1}{n}\left(\log\frac{n+1}{n} + \log\frac{n+2}{n} + \cdots + \log\frac{2n}{n}\right)$ を求めよ.

2. $\displaystyle \lim_{n\to\infty} \frac{1}{n}\left(\cos\frac{\pi}{n} + \cos\frac{2\pi}{n} + \cdots + \cos\frac{n\pi}{n}\right)$ を求めよ.

3. 次の各々の定積分の値を求めよ.

(1) $\displaystyle \int_{-1}^{1} (x^3 - 3x^2 + x - 1)dx$

(2) $\displaystyle \int_{0}^{\pi} (\sin 2x + \cos 3x)dx$

(3) $\displaystyle \int_{-1}^{1} (x+3)\sqrt{1-x}\,dx$

(4) $\displaystyle \int_{e}^{e^2} \frac{\log x}{x}dx$

(5) $\displaystyle \int_{2}^{4} x\log x\,dx$

(6) $\displaystyle \int_{0}^{\pi} x\sin x\,dx$

(7) $\displaystyle \int_{0}^{2\pi} |\sin\theta|d\theta$

12.3 標準問題

1. 任意の x について，$f(-x) = f(x)$ なる関数を偶関数という．偶関数について，$f(x)$ が閉区間 $[-a, a]$ で積分可能なら次の式が成り立つことを示せ．

$$\int_{-a}^{a} f(x)dx = 2\int_{0}^{a} f(x)dx.$$

2. 任意の x について，$f(-x) = -f(x)$ なる関数を奇関数という．奇関数について，$f(x)$ が閉区間 $[-a, a]$ で積分可能なら次の式が成り立つことを示せ．

$$\int_{-a}^{a} f(x)dx = 0.$$

3. x 軸と直線 $x = 1$ および関数 $y = x^2$ で囲まれる部分の面積を求めたい．不定積分を使わずに極限を用いてこの面積を求めよ．

4. 連続関数 $f(t)$ について，$\dfrac{d}{dx}\displaystyle\int_{0}^{\sqrt{x}} f(t)dt$ を $f(x)$ を用いて表せ．

12.4 発展問題

1. 定積分の平均値の定理を証明し，さらに微分積分学の基本定理を証明せよ．

2. 奇関数 $f_\mathrm{o}(x), g_\mathrm{o}(x)$ と偶関数 $f_\mathrm{e}(x), g_\mathrm{e}(x)$ と定数 k について，次の各々の関数が，奇関数か偶関数か，あるいはどちらでもないか（　）内に記入せよ．

   (1) 定数倍: (　　) $kf_\mathrm{o}(x)$, (　　) $kf_\mathrm{e}(x)$,

   (2) 和: (　　) $f_\mathrm{o}(x) + g_\mathrm{o}(x)$, (　　) $f_\mathrm{o}(x) + f_\mathrm{e}(x)$,
   (　　) $f_\mathrm{e}(x) + g_\mathrm{e}(x)$

   (3) 積: (　　) $f_\mathrm{o}(x)g_\mathrm{o}(x)$, (　　) $f_\mathrm{o}(x)f_\mathrm{e}(x)$,
   (　　) $f_\mathrm{e}(x)g_\mathrm{e}(x)$

   (4) 商: (　　) $\dfrac{1}{f_\mathrm{o}(x)}$, (　　) $\dfrac{1}{f_\mathrm{e}(x)}$

3. 任意の関数 $f(x)$ は，ある適当な奇関数 $f_\mathrm{o}(x)$ と偶関数 $f_\mathrm{e}(x)$ の和 $f(x) = f_\mathrm{o}(x) + f_\mathrm{e}(x)$ で表されることを示せ．

4. 奇関数と偶関数の性質を用いて，次の各々の定積分の値を求めよ．

   (1) $\displaystyle\int_{-1}^{1} (x^5 - 3x^4 + 2x^3 - x^2 + 2x + 5)dx$

   (2) $\displaystyle\int_{-\pi}^{\pi} \left(\sin^2 3x + \sin x \cos x + \tan\frac{x}{3}\right) dx$

   (3) $\displaystyle\int_{-2}^{2} (\sinh x + 2\cosh x + \sinh x \cos x + \cosh x \sin x)dx$

12.5 補充問題

1. a, b, c を実数の定数とし，関数 $f(x)$ を $f(x) = a\sin x + b\sin 2x + c\sin 3x$ と定める．このとき，次の問に答えよ．

(1) 定積分 $\displaystyle\int_0^{2\pi} \sin mx \sin nx\, dx$，
$\displaystyle\int_0^{2\pi} \sin mx \cos nx\, dx$，$\displaystyle\int_0^{2\pi} \cos mx \cos nx\, dx$ の値をそれぞれ求めよ．ただし，m, n は正の整数とする．

(2) $0 \leqq x \leqq 2\pi$ となるすべての x に対して，$f(x) = 0$ ならば，$a = b = c = 0$ であることを示せ．

(3) $a \neq 0$ のとき，関数 $f(x)$ の周期は 2π であることを示せ．ここで，関数 $f(x)$ の周期とは，等式 $f(x + p) = f(x)$ が，すべての実数 x に対して成り立つ正の定数 p のうち，最小のものを意味する．

(4) 方程式 $f(x) = 0$ が $0 < x < \pi$ において異なる実数解を 3 個以上もてば，$a = b = c = 0$ であることを示せ．

2. 任意の正の実数 a に対して, $\displaystyle\int_0^a e^{-x^2}dx < \frac{6}{5}$ であることを示せ. 必要なら $2.7 < e < 2.8$ であることを用いてよい.

3. 連続関数 $f(x)$ があったとき, $\displaystyle g(x) = \int_0^x f(t)(x-t)^n dt$ とおく. このとき
$$\frac{1}{n!}\frac{d^{n+1}}{dx^{n+1}}g(x) = f(x)$$
となることを示せ.

第13章 広義積分

有界閉区間で連続な関数の定積分の定義を，次のような定義域をもつ関数の定積分へ拡張する．

1. 半開区間 $(a, b]$ を定義域にもつ関数 $f(x)$ の区間 $[a, b]$ での定積分

$$\int_a^b f(x)dx = \lim_{\varepsilon \to +0} \int_{a+\varepsilon}^b f(x)dx$$

   右辺が存在 (収束) すれば右辺で左辺を定義する (以下同様)．

2. 半開区間 $[a, b)$ を定義域にもつ関数 $f(x)$ の区間 $[a, b]$ での定積分

$$\int_a^b f(x)dx = \lim_{\varepsilon \to +0} \int_a^{b-\varepsilon} f(x)dx$$

3. 開区間 (a, b) を定義域にもつ関数 $f(x)$ の区間 $[a, b]$ での定積分

$$\int_a^b f(x)dx = \lim_{\varepsilon, \varepsilon' \to +0} \int_{a+\varepsilon}^{b-\varepsilon'} f(x)dx$$

   ただし，$\displaystyle\lim_{\varepsilon, \varepsilon' \to +0}$ は $|\varepsilon^2 + \varepsilon'^2|$ を十分小さくすることを意味する．

4. 無限区間 $[a, \infty)$ での定積分

$$\int_a^\infty f(x)dx = \lim_{K \to \infty} \int_a^K f(x)dx$$

5. 無限区間 $(-\infty, b]$ での定積分

$$\int_{-\infty}^b f(x)dx = \lim_{K \to \infty} \int_{-K}^b f(x)dx$$

6. 無限区間 $(-\infty, \infty)$ での定積分

$$\int_{-\infty}^\infty f(x)dx = \lim_{L, K \to \infty} \int_{-L}^K f(x)dx$$

   ただし，$\displaystyle\lim_{L, K \to \infty}$ は $\dfrac{1}{L^2} + \dfrac{1}{K^2}$ を十分小さくすることを意味する．

7. 無限区間 $(-\infty, b), (a, \infty)$ なども同様に定義する．

8. 広義積分可能性の判定

   関数 $f(x), g(x)$ が，半開区間や開区間あるいは無限区間で連続で $0 \leqq f(x) \leqq g(x)$ が成り立っているとき，各区間において $g(x)$ の広義積分が存在すれば，同じ区間で $f(x)$ の広義積分も存在する．

13.1 例題

1. $\boxed{\text{広義積分} \displaystyle\int_0^1 \frac{dx}{\sqrt{x}} \text{ を求めよ.}}$

(解) $\displaystyle\int_0^1 \frac{dx}{\sqrt{x}} = \lim_{\varepsilon \to +0} \int_\varepsilon^1 \frac{dx}{\sqrt{x}} = \lim_{\varepsilon \to +0} \left[2x^{\frac{1}{2}} \right]_\varepsilon^1 = \lim_{\varepsilon \to +0} (2 - 2\sqrt{\varepsilon}) = 2.$

2. $\boxed{\text{広義積分} \displaystyle\int_0^1 \frac{dx}{x^2} \text{ を求めよ.}}$

(解) $\displaystyle\int_0^1 \frac{dx}{x^2} = \lim_{\varepsilon \to +0} \int_\varepsilon^1 \frac{dx}{x^2} = \lim_{\varepsilon \to +0} \left[-\frac{1}{x} \right]_\varepsilon^1 = \lim_{\varepsilon \to +0} \left(\frac{1}{\varepsilon} - 1 \right) = +\infty$ なので広義積分は存在しない.

3. $\boxed{\text{広義積分} \displaystyle\int_1^\infty \frac{dx}{x^3} \text{ を求めよ.}}$

(解) $\displaystyle\int_1^\infty \frac{dx}{x^3} = \lim_{K \to \infty} \int_a^K \frac{dx}{x^3} = \lim_{K \to \infty} \left[-\frac{1}{2} \cdot \frac{1}{x^2} \right]_1^K = \lim_{K \to \infty} \left(\frac{1}{2} - \frac{1}{2K^2} \right) = \frac{1}{2}.$

4. $\boxed{\text{広義積分} \displaystyle\int_0^\infty xe^{-x} \, dx \text{ を求めよ.}}$

(解) 以下途中で $\displaystyle\lim_{K \to \infty} \frac{K}{e^K} = 0$ を使う.

$$\int_0^\infty xe^{-x} \, dx = \lim_{K \to \infty} \int_0^K xe^{-x} dx = \lim_{K \to \infty} \int_0^K \left(-x(e^{-x})' \right) dx = \lim_{K \to \infty} \left([-xe^{-x}]_0^K + \int_0^K e^{-x} dx \right)$$

$$= \lim_{K \to \infty} \left(-Ke^{-K} - [e^{-x}]_0^K \right) = \lim_{K \to \infty} \left(-Ke^{-K} - e^{-K} + 1 \right) = 1.$$

5. $\boxed{\text{広義積分} \displaystyle\int_{-1}^1 \frac{dx}{x^2} \text{ を求めよ.}}$

(解) $\displaystyle\int_{-1}^1 \frac{dx}{x^2} = \left[-\frac{1}{x} \right]_{-1}^1 = -2$ としてはいけない. 被積分関数 $\frac{1}{x^2}$ が $x = 0$ で定義されないことに注意する必要がある. 従って, これは広義積分 $\displaystyle\int_{-1}^1 \frac{dx}{x^2} = \int_{-1}^0 \frac{dx}{x^2} + \int_0^1 \frac{dx}{x^2}$ を意味する. この積分は上記 2. より収束しない. よって広義積分は存在しない.

6. $\boxed{s > 0 \text{ について } \Gamma \text{ 関数 } \Gamma(s) = \displaystyle\int_0^\infty e^{-x}x^{s-1}dx \text{ が定義できることを示せ.}}$

(解) 広義積分を $(0, 1], [1, \infty)$ の 2 つの区間に分けて $\displaystyle\int_0^\infty e^{-x}x^{s-1}dx = \int_0^1 e^{-x}x^{s-1}dx + \int_1^\infty e^{-x}x^{s-1}dx$ より

$$I_1 = \int_0^1 e^{-x}x^{s-1}dx, \quad I_2 = \int_1^\infty e^{-x}x^{s-1}dx$$

とする. このとき I_1 については半開区間 $(0, 1]$ 上の広義積分となる. $x > 0$ で $e^{-x}x^{s-1} \leqq x^{s-1}$ となり, この x^{s-1} が $(0, 1]$ で広義積分可能なので I_1 も広義積分可能となる.

I_2 については無限区間 $[1, \infty)$ の広義積分となる. $x \to \infty$ で $x^{s+1}e^{-x} \to 0$ となるので, $e^{-x}x^{s+1}$ は $[1, \infty)$ で有界であり, $e^{-x}x^{s+1} < M$ となる定数 M が存在する. よって, $e^{-x}x^{s-1} < Mx^{-2}$ であるが, この右辺の Mx^{-2} は $[1, \infty)$ で積分可能なので, I_2 も積分可能となる.

以上より, Γ 関数は収束し定義できる.

13.2 基本問題

1. 次の各々の広義積分の値を求めよ.

(1) $\displaystyle\int_0^8 \frac{1}{\sqrt[3]{x}}\,dx$

(2) $\displaystyle\int_0^3 \frac{1}{\sqrt{3-x}}\,dx$

(3) $\displaystyle\int_{-3}^3 \frac{dx}{\sqrt{9-x^2}}$

(4) $\displaystyle\int_1^\infty \frac{1}{(2x+1)^2}\,dx$

(5) $\displaystyle\int_{-\infty}^0 \frac{1}{(1-3x)^3}\,dx$

(6) $\displaystyle\int_{-\infty}^\infty \frac{1}{x^2+9}\,dx$

(7) $\displaystyle\int_0^1 \frac{dx}{\sqrt{x(1-x)}}$　（ヒント: $x=\sin^2\theta$）

(8) $\displaystyle\int_0^{\frac{\pi}{2}} \frac{1}{\cos x}\,dx$

13.3 標準問題

1. 次の各々の広義積分の値を求めよ.

(1) $\displaystyle\int_0^1 \frac{\log x}{x}dx$

(2) $\displaystyle\int_0^1 \log x\,dx$

(3) $\displaystyle\int_0^\infty e^{-x}\sin x\,dx$

(4) $\displaystyle\int_0^\infty e^{-x}x^2 dx$

(5) $\displaystyle\int_{-3}^3 \frac{1}{(2x+1)^2}dx$

(6) $\displaystyle\int_{-\infty}^\infty \sin x\,dx$

2. 広義積分 $\displaystyle\int_0^1 \frac{dx}{x^r}$ と $\displaystyle\int_1^\infty \frac{dx}{x^r}$ の値が存在する r の範囲をそれぞれ求めよ.

3. 2つの広義積分 $\displaystyle\int_0^1 \frac{1}{\sqrt{x}}dx - 1,\ \int_1^\infty \frac{1}{x^2}dx$ の値を計算し,両者の値について図形的意味を述べよ.

13.4 発展問題

1. m, n を正の数として，次のベータ関数が定義できることを示せ.

$$\mathrm{B}(m, n) = \int_0^1 x^{m-1}(1-x)^{n-1}dx \quad (m, n > 0).$$

2. Γ 関数について，n を自然数とすると $\Gamma(n+1) = n!$ となることを示せ.

3. 自然数 n について定積分 $\displaystyle\int_0^\infty x^n e^{-x}dx$ の値を求めよ.

13.5 補充問題

s を正の実数とし，関数 $f(x)$ について，$\mathcal{L}(f(x)) = \int_0^\infty f(x)e^{-sx}dx$ が存在するとき，これを $f(x)$ のラプラス変換という．これを用いて次の常微分方程式の初期値問題を解くことを考える．

$$\begin{cases} y'' - 3y' + 2y = 2x \\ y(0) = 0, y'(0) = 0 \end{cases}$$

1. $\mathcal{L}(f(x))$ と $\mathcal{L}(g(x))$ が存在するとき，$\mathcal{L}(kf(x) + \ell g(x)) = k\mathcal{L}(f(x)) + \ell\mathcal{L}(g(x))$ を示せ．

2. $\displaystyle\lim_{x\to\infty} e^{-sx}f(x) = 0$ ならば，

$$\mathcal{L}(f'(x)) = s\mathcal{L}(f(x)) - f(0)$$

が成り立つことを示せ．

3. 与えられた微分方程式の両辺をラプラス変換せよ．さらに，$\mathcal{L}(y)$ を s の式で表し，部分分数に分解せよ．ただし $\displaystyle\lim_{x\to\infty} y'e^{-sx} = \lim_{x\to\infty} ye^{-sx} = 0$ であるとする．

4. $\mathcal{L}(e^{ax}), \mathcal{L}(1), \mathcal{L}(x^n)$ を計算し，これらを用いて微分方程式の解を求めよ．ただし，$f(x) \neq g(x)$ ならば $\mathcal{L}(f(x)) \neq \mathcal{L}(g(x))$ を用いてもよい．

第14章 面積と体積

1. 曲線の囲む面積

   (1) 直交座標で表された曲線下の面積
      関数 $f(x)$ が閉区間 $[a,b]$ で連続かつ $f(x) \geqq 0$ であるとき，$y = f(x), x = a, x = b, x$ 軸で囲まれる図形の面積 S は，次の定積分で与えられる．

   $$S = \int_a^b f(x)dx$$

   (2) 直交座標で表された2つの曲線間の面積
      関数 $f(x), g(x)$ が閉区間 $[a,b]$ で連続かつ $f(x) \geqq g(x)$ であるとき，$y = f(x), y = g(x), x = a, x = b$ で囲まれる図形の面積 S は，次の定積分で与えられる．

   $$S = \int_a^b (f(x) - g(x))dx$$

   (3) 極座標で表された曲線が作る面積
      極座標で表された曲線 $r = f(\theta)$ と直線 $\theta = \alpha, \theta = \beta \ (\alpha < \beta)$ で囲まれる図形の面積 S は，次の定積分で与えられる．

   $$S = \frac{1}{2} \int_\alpha^\beta f(\theta)^2 d\theta$$

2. 断面積が与えられた立体の体積

   (1) 一般論
      ある立体の x 座標が閉区間 $[a,b]$ 内にあり，x 軸に垂直な平面による断面積が $S(x)$ としたとき，この区間で $S(x)$ が連続ならば，立体の体積 V は次の定積分で与えられる．

   $$V = \int_a^b S(x)dx$$

   (2) 特に回転体の場合
      関数 $f(x)$ が，閉区間 $[a,b]$ で連続のとき，この区間で $y = f(x)$ を x 軸を中心に回転してできる立体の体積 V は，次の定積分で与えられる．

   $$V = \pi \int_a^b f(x)^2 dx$$

3. 曲線の長さ

   (1) 関数が直交座標 (x,y) で表されている場合
      関数 $f(x)$ が閉区間 $[a,b]$ で微分可能で，その導関数が連続のとき，2点 $(a, f(a)), (b, f(b))$ 間の曲線の長さ ℓ は，次の定積分で与えられる．

   $$\ell = \int_a^b \sqrt{1 + f'(x)^2}\, dx$$

   (2) 関数が媒介変数表示 t によって表されている場合
      関数 $x(t), y(t)$ が閉区間 $[a,b]$ で微分可能で，その導関数が連続のとき，t の媒介変数表示による曲線 $\{(x(t), y(t)) | a \leqq t \leqq b\}$ について2点 $(x(a), y(a)), (x(b), y(b))$ 間の長さ ℓ は，次の定積分で与えられる．

   $$\ell = \int_a^b \sqrt{x'(t)^2 + y'(t)^2}\, dt$$

14.1 例題

1. 曲線 $y = \sin x \ (0 \leqq x \leqq \pi)$ と x 軸で囲まれる図形の面積 S を求めよ.

   (解) 閉区間 $[0, \pi]$ で $\sin x \geqq 0$ なので, 面積 S は次の定積分で与えられる.

   $$S = \int_0^\pi \sin x \, dx = [-\cos x]_0^\pi = 2.$$

2. 定積分を用いて半径 2 の円の面積 S を求めよ.

   (解) 上側の半円 $y = \sqrt{2^2 - x^2}$ と x 軸で囲む図形の面積を 2 倍すればよいので

   $$S = 2 \int_{-2}^2 \sqrt{2^2 - x^2} \, dx = 2 \cdot \frac{1}{2} \left[x\sqrt{2^2 - x^2} + 2^2 \sin^{-1} \frac{x}{2} \right]_{-2}^2 = 4\pi.$$

3. $x = t+1, y = t^2+1 \quad (0 \leqq t \leqq 2)$ で与えられる曲線と直線 $x = 1, x = 3$ および x 軸で囲まれる図形の面積を求めよ.

   (解) 媒介変数 t を消去してもよいが, 置換積分の方法を用いることもできる.

   $$\int_1^3 y \, dx = \int_0^2 y(t) \frac{dx}{dt} dt = \left[\frac{1}{3} t^3 + t \right]_0^2 = \frac{14}{3}.$$

4. 対数らせん $x = ae^\theta \cos\theta, y = ae^\theta \sin\theta \quad (a > 0, 0 \leqq \theta \leqq \pi)$ と x 軸で囲まれる図形の面積を求めよ.

   (解) 極座標で表された面積の公式を用いる. $r = \sqrt{x^2 + y^2} = ae^\theta$ なので, 面積は次の定積分で与えられる.

   $$S = \frac{1}{2} \int_0^\pi r^2 d\theta = \frac{a^2}{2} \int_0^\pi e^{2\theta} d\theta = \frac{a^2}{4} \left[e^{2\theta} \right]_0^\pi = \frac{a^2}{4} \left(e^{2\pi} - 1 \right).$$

5. 定積分を用いて, 半径 2 の球の体積 V を求めよ.

   (解) 半円 $y = \sqrt{2^2 - x^2}$ を x 軸回りに回転させた立体の体積 V を求める.

   $$V = \pi \int_{-2}^2 \left(\sqrt{2^2 - x^2} \right)^2 dx = \pi \int_{-2}^2 (2^2 - x^2) dx = \pi \left[4x - \frac{x^3}{3} \right]_{-2}^2 = \frac{32}{3}\pi.$$

6. 2 つの曲線 $y = \sqrt{x}$ と $y = x^2$ で囲まれた図形を, x 軸を中心に回転してできる立体の体積 V を求めよ.

   (解) 閉区間 $[0,1]$ で $x^2 \leqq \sqrt{x}$ より $y = \sqrt{x}$ を x 軸回りに回転してできる立体の体積から, $y = x^2$ を x 軸回りに回転してできる立体の体積を引けばよい.

   $$V = \pi \int_0^1 \left(\sqrt{x} \right)^2 dx - \pi \int_0^1 (x^2)^2 dx = \left[\pi \left(\frac{x^2}{2} - \frac{x^5}{5} \right) \right]_0^1 = \frac{3\pi}{10}.$$

7. カテナリー $y = \frac{1}{2}(e^x + e^{-x}) \quad (-a \leqq x \leqq a)$ の長さ ℓ を求めよ.

   (解) 曲線の長さの公式を用いる.

   $$\ell = \int_{-a}^a \sqrt{1 + (y')^2} \, dx = \int_{-a}^a \sqrt{1 + \left(\frac{1}{2}(e^x - e^{-x}) \right)^2} \, dx = \frac{1}{2} \int_{-a}^a (e^x + e^{-x}) dx = e^a - e^{-a}.$$

8. アステロイド $x = \cos^3 t, y = \sin^3 t \ (0 \leqq t \leqq 2\pi)$ の長さ ℓ を求めよ.

   (解) 媒介変数で表された曲線の長さの公式を用いる.

   $$\begin{aligned} \ell &= \int_0^{2\pi} \sqrt{x'(t)^2 + y'(t)^2} \, dt = \int_0^{2\pi} \sqrt{(-3\cos^2 t \sin t)^2 + (3\sin^2 t \cos t)^2} \, dt = 3 \int_0^{2\pi} |\sin t \cos t| \, dt \\ &= 3 \cdot 4 \int_0^{\frac{\pi}{2}} \sin t \cos t \, dt = 6 \int_0^{\frac{\pi}{2}} \sin 2t \, dt = 6. \end{aligned}$$

14.2 基本問題

1. 曲線 $y = \cos x \ (0 \leqq x \leqq 2\pi)$ と $x = 0, x = 2\pi, x$ 軸で囲まれる図形の面積 S を求めよ.

2. 定積分を用いて楕円 $\dfrac{x^2}{a^2} + \dfrac{y^2}{b^2} = 1$ の面積 S を求めよ.

3. 曲線 $y = \sin x \ (0 \leqq x \leqq 2\pi)$ と x 軸で囲まれる図形を, x 軸を中心に回転してできる立体の体積 V を求めよ.

4. 2つの曲線 $y = \sqrt{x}$ と $y = x^2$ で囲まれる図形を, y 軸を中心に回転してできる立体の体積 V を求めよ.

5. 曲線 $y = \sqrt{x} \ (0 \leqq x \leqq 1)$ の長さ ℓ を求めよ.
   (ヒント: $y = x^2 \ (0 \leqq x \leqq 1)$ の長さを考えよ.)

6. 2つの曲線 $y = x^2$ と $y = 2x + 3$ で囲まれる図形の周の長さ ℓ を求めよ.

14.3 標準問題

1. サイクロイド $x = t - \sin t,\ y = 1 - \cos t\ (0 \le t \le 2\pi)$ と x 軸で囲まれる図形の面積 S を求めよ.

2. カージオイド $r = 1 + \cos\theta\ (0 \le \theta < 2\pi)$ の囲む図形の面積 S を求めよ.

3. サイクロイド $x = t - \sin t,\ y = 1 - \cos t\ (0 \le t \le 2\pi)$ の長さ ℓ を求めよ.

4. ネフロイド $x = 3\cos t - \cos 3t,\ y = 3\sin t - \sin 3t$ $(0 \le t \le 2\pi)$ の長さ ℓ を求めよ.

5. 2つの曲線 $y = \sin x,\ y = \cos x$ および直線 $x = 0$, $x = 2\pi$ で囲まれる図形を，直線 $y = 1$ を中心に回転してできる立体の体積 V を求めよ.

14.4 発展問題

1. 極座標 (r, θ) で表される図形の面積の公式を証明せよ.

2. 直交座標 (x, y) で表される曲線の長さの公式を証明せよ.

3. 曲線が極座標により $r = r(\theta)$ $(\alpha < \theta < \beta)$ と表されている. このとき曲線の長さ ℓ は, 次の積分で表されることを証明せよ.

$$\ell = \int_\alpha^\beta \sqrt{\{r(\theta)\}^2 + \{r'(\theta)\}^2}\, d\theta.$$

4. 曲線が極座標により $\theta = \theta(r)$ $(r_1 < r < r_2)$ と表されている. このとき曲線の長さ ℓ は, 次の積分で表されることを証明せよ.

$$\ell = \int_{r_1}^{r_2} \sqrt{1 + r^2 \theta'^2}\, dr.$$

14.5 補充問題

1. 関数 $y = x^3 - 3x^2 - 4x$ と x 軸で囲まれる図形の面積を求めよ．

2. 2つの関数 $y = |x|$ と $y = x^2 - 2$ で囲まれる図形の面積を求めよ．

3. 区間 $0 \leqq x \leqq 2\pi$ において，2つの関数 $y = \sin x$ と $y = \cos 2x$ で囲まれる図形の面積を求めよ．

4. 楕円 $\dfrac{x^2}{2^2} + \dfrac{y^2}{3^2} = 1$ で囲まれる領域と別の楕円 $\dfrac{x^2}{3^2} + \dfrac{y^2}{2^2} = 1$ で囲まれる領域の共通部分の面積を求めよ (ヒント: 8 等分した面積を考えよ).

5. 正の数 a に対し, レムニスケート $r^2 = 2a^2 \cos 2\theta$ $(0 \leqq \theta < 2\pi)$ で囲まれる面積を求めよ.

6. カージオイド $r = 1 + \cos\theta$ $(0 \leqq \theta < 2\pi)$ の曲線の長さを求めよ.

7. 放物線 $A : y^2 = -2x$ 上の点 $\left(-\dfrac{t^2}{2}, t\right)$ $(t \leqq 0)$ における接線に関して，原点と対称な点 P の x 座標，y 座標を $x = f(t)$, $y = g(t)$ と表し，$(x, y) = (f(t), g(t))$ が描く曲線を B とする．

(1) $f(t), g(t)$ を求め，さらに $\displaystyle\lim_{t \to -\infty} f(t)$ を求めよ．

(2) $M = \displaystyle\lim_{t \to -\infty} f(t)$ とする．$0 < u < M$ を満たす実数 u に対して，曲線 B と x 軸，直線 $x = u$ によって囲まれる図形の面積を $S(u)$ とするとき，$\displaystyle\lim_{u \to M-0} S(u)$ を求めよ．

(3) 直線 $y = x$ に関して放物線 A と対称な放物線を C とする．放物線 C を y 軸方向に 2 倍拡大した放物線を D とする．放物線 D と放物線 A によって囲まれる図形の面積を求めよ．

(4) 直線 $y = x$ と放物線 D によって囲まれる図形を，直線 $y = x$ を中心にして 1 回転してできる立体の体積を求めよ．

第15章　2変数関数とその極限

1. 点列の極限

平面上の点列 $\{A_n(a_n, b_n)\}$ の極限 $\displaystyle\lim_{n\to\infty} A_n = A(a,b)$（または，$(a_n, b_n) \to (a,b)$）とは，$n$ を大きくしたとき，$\overline{A_nA} \to 0$ を意味する．これは次のような計算式で表される．

$$\lim_{n\to\infty}\{(a_n - a)^2 + (b_n - b)^2\} = 0$$

極座標を用いて，

$$(a_n, b_n) = (r_n \cos\theta_n + a, r_n \sin\theta_n + b)$$

とするとき，上記の計算式は次の式で表される．

$$\lim_{n\to\infty} r_n = 0$$

2. 2変数関数の極限

(1) 関数値の極限

$$\lim_{A_n \to A} f(A_n) = \alpha \quad \text{または} \quad \lim_{(a_n, b_n) \to (a,b)} f(a_n, b_n) = \alpha$$

とは，

$$(a_n, b_n) \to (a, b) \quad \text{なら} \quad f(a_n, b_n) \to \alpha$$

が成立することを意味し，次の実数列の極限の式で表される．

$$\lim_{n\to\infty}\{(a_n - a)^2 + (b_n - b)^2\} = 0 \quad \text{なら} \quad \lim_{n\to\infty} f(a_n, b_n) = \alpha$$

これは

$$(a_n - a)^2 + (b_n - b)^2 \to 0 \quad \text{なら} \quad |f(a_n, b_n) - \alpha| \to 0$$

を意味するものである．

(2) 関数の極限

$\displaystyle\lim_{n\to\infty}(a_n, b_n) = (a, b)$ となる**任意の点列**に対して，$\displaystyle\lim_{n\to\infty} f(a_n, b_n) = \alpha$ が成立するとき

$$\lim_{(x,y)\to(a,b)} f(x, y) = \alpha$$

と表し，α を点 (x, y) を点 (a, b) に近づけたときの 2 変数関数 $f(x, y)$ の**極限値**という．これを実数の極限の式で表すと次のようになる．

$$(x - a)^2 + (y - b)^2 \to 0 \quad \text{なら} \quad |f(x, y) - \alpha| \to 0$$

これを不等式を用いた式で表すと次のようになる．

任意の自然数 M に対して適当な自然数 N をとると，

$$0 < (x - a)^2 + (y - b)^2 < \frac{1}{N} \quad \text{なら} \quad |f(x, y) - \alpha| < \frac{1}{M}$$

が成立する．

極座標を用いて $(x, y) = (r\cos\theta + a, r\sin\theta + b)$ と表すと，上記の式は次の式で表される．

$$\lim_{r\to 0} f(r\cos\theta + a, r\sin\theta + b) = \alpha \quad \text{（ただし，α は θ によらず決まる定数）}$$

3. 逐次極限

$\displaystyle\lim_{x\to a}(\lim_{y\to b} f(x,y))$ および $\displaystyle\lim_{y\to b}(\lim_{x\to a} f(x,y))$ を**逐次極限**とよぶ.

$$\lim_{(x.y)\to(a,b)} f(x,y) = \alpha \quad \text{なら} \quad \lim_{x\to a}(\lim_{y\to b} f(x,y)) = \lim_{y\to b}(\lim_{x\to a} f(x,y)) = \alpha$$

である. 一般に逆は成立しない.

4. 逐次極限のグラフ上の意味

逐次極限は, 座標軸方向に沿って極限をとったものである.

5. 極限の計算に関しては, 1 変数関数の極限と同様な計算ができる.

$\displaystyle\lim_{(x,y)\to(a,b)} f(x,y) = \alpha, \; \lim_{(x,y)\to(a,b)} g(x,y) = \beta$ であるとき, 次が成立する.

(1) $\displaystyle\lim_{(x,y)\to(a,b)} \{cf(x,y) + dg(x,y)\} = c\alpha + d\beta$

(2) $\displaystyle\lim_{(x,y)\to(a,b)} f(x,y)g(x,y) = \alpha\beta$

(3) $\displaystyle\lim_{(x,y)\to(a,b)} \frac{f(x,y)}{g(x,y)} = \frac{\alpha}{\beta}$

ただし, c, d は定数, (3) では $\beta \neq 0$ とする.

6. 2 変数関数に関する「はさみうちの原理」

2 変数関数 $f(x,y), g(x,y), h(x,y)$ が, 点 (a,b) を含むある領域の任意の点 (x,y) で,

(i) $(x,y) \neq (a,b)$ のとき, $f(x,y) \leqq h(x,y) \leqq g(x,y)$

(ii) $\displaystyle\lim_{(x,y)\to(a,b)} f(x,y) = \lim_{(x,y)\to(a,b)} g(x,y) = \alpha$

を満たせば, $\displaystyle\lim_{(x,y)\to(a,b)} h(x,y) = \alpha$ である.

7. 関数の連続性

2 変数関数 $f(x,y)$ と定義域 D の点 (a,b) に対し, $\displaystyle\lim_{(x,y)\to(a,b)} f(x,y) = f(a,b)$ が成立するとき, $f(x,y)$ は点 (a,b) で**連続**という. 定義域 D の各点で連続な関数を**連続関数**という.

$\displaystyle\lim_{(x,y)\to(a,b)} f(x,y) = f(a,b)$ は

$$(x,y) \to (a,b) \quad \text{なら} \quad f(x,y) \to f(a,b)$$

が成立することを意味し, これは次の計算式で表される.

$$(x-a)^2 + (y-b)^2 \to 0 \quad \text{なら} \quad |f(x,y) - f(a,b)| \to 0$$

極座標を用いて, $(x,y) = (r\cos\theta + a, r\sin\theta + b)$ と表すと, 上記の計算式は次の式で表される.

$$r \to 0 \quad \text{なら} \quad |f(r\cos\theta + a, r\sin\theta + b) - f(a,b)| \to 0$$

15.1 例題

1. $\boxed{\text{極限値} \lim\limits_{(x,y)\to(0,0)} \dfrac{x^2-y^2}{x-y} \text{ を求めよ.}}$

(解) $\lim\limits_{(x,y)\to(0,0)} \dfrac{x^2-y^2}{x-y} = \lim\limits_{(x,y)\to(0,0)} (x+y) = 0$ となる.

2. $\boxed{\begin{array}{l}\text{逐次極限} \lim\limits_{x\to0}\left(\lim\limits_{y\to0}\dfrac{xy}{x^2+y^2}\right) \text{ および } \lim\limits_{y\to0}\left(\lim\limits_{x\to0}\dfrac{xy}{x^2+y^2}\right) \text{ を求めよ.}\\ \text{また, 2 変数関数としての極限 } \lim\limits_{(x,y)\to(0,0)}\dfrac{xy}{x^2+y^2} \text{ が存在するか調べよ.}\end{array}}$

(解) 逐次極限は $\lim\limits_{x\to0}\left(\lim\limits_{y\to0}\dfrac{xy}{x^2+y^2}\right) = \lim\limits_{x\to0} 0 = 0$, $\lim\limits_{y\to0}\left(\lim\limits_{x\to0}\dfrac{xy}{x^2+y^2}\right) = \lim\limits_{y\to0} 0 = 0$ となる.

y 軸に沿って $(0,y)\to(0,0)$ と近づけると, $(0,y)$ での関数値は $\dfrac{xy}{x^2+y^2} = \dfrac{0}{y^2} = 0$ より極限値は 0 となる.

一方, 直線 $x=y$ に沿って $(x,x)\to(0,0)$ と近づけると, (x,x) での関数値は $\dfrac{xy}{x^2+y^2} = \dfrac{x^2}{2x^2} = \dfrac{1}{2}$ より極限

値は $\dfrac{1}{2}$ となる. 近づけ方で異なる極限値をとるので, 2 変数関数としての極限は存在しない.

3. $\boxed{\text{極限値} \lim\limits_{(x,y)\to(0,0)} \dfrac{x^2y}{x^2+y^2} \text{ を求めよ.}}$

(解) $x = r\cos\theta$, $y = r\sin\theta$ とおくと $|\cos\theta|, |\sin\theta| \leqq 1$ より,

$$0 \leqq \left|\frac{x^2y}{x^2+y^2}\right| = \left|\frac{r^3\cos^2\theta\sin\theta}{r^2}\right| = \left|r\cos^2\theta\sin\theta\right| \leqq r$$

となる. よって, はさみうちの原理より極限値は 0 となる.

4. $\boxed{\text{極限値} \lim\limits_{(x,y)\to(0,0)} \dfrac{\sin(x+y)}{(x+y)} \text{ を求めよ.}}$

(解) $(x,y)\to(0,0)$ なら $x+y\to0$ より, 1 変数の極限の公式 $\lim\limits_{t\to0}\dfrac{\sin t}{t} = 1$ を用いると極限値は 1 となる.

5. $\boxed{\begin{array}{l}\text{逐次極限} \lim\limits_{x\to0}\left(\lim\limits_{y\to0} y\log|x+y|\right) \text{ および } \lim\limits_{y\to0}\left(\lim\limits_{x\to0} y\log|x+y|\right) \text{ を求めよ.}\\ \text{また, 2 変数関数としての極限 } \lim\limits_{(x,y)\to(0,0)} y\log|x+y| \text{ が存在するか調べよ.}\end{array}}$

(解) 逐次極限は各々

$$\lim\limits_{x\to0}\left(\lim\limits_{y\to0} y\log|x+y|\right) = \lim\limits_{x\to0} 0 = 0, \quad \lim\limits_{y\to0}\left(\lim\limits_{x\to0} y\log|x+y|\right) = \lim\limits_{y\to0} y\log|y| = 0$$

となる. 曲線 $x+y = e^{-\frac{1}{y^2}}$ に沿って原点に近づけると, 関数は $y\log|x+y| = y\log e^{-\frac{1}{y^2}} = -\dfrac{1}{y}$ となり 2 変数関数としての極限値は存在しない.

6. $\boxed{2 \text{変数関数 } f(x,y) = \begin{cases} \dfrac{x^2-y^2}{\sqrt{x^2+y^2}} & (x,y)\neq(0,0) \\ 0 & (x,y)=(0,0) \end{cases} \text{ の連続性を調べよ.}}$

(解) 原点以外での連続性は, 連続関数の商となっていることからわかるので, 原点での連続性を調べる.

そこで, $\lim\limits_{(x,y)\to(0,0)} f(x,y) = f(0,0) = 0$ であるかを調べる. $x = r\cos\theta$, $y = r\sin\theta$ とおくと

$$0 \leqq |f(x,y) - f(0,0)| = r|\cos^2\theta - \sin^2\theta| = r|\cos 2\theta| \leqq r$$

より, はさみうちの原理から $\lim\limits_{(x,y)\to(0,0)} f(x,y) = 0 = f(0,0)$ となり, $f(x,y)$ は原点で連続である.

15.2 基本問題

1. $\displaystyle\lim_{(x,y)\to(1,1)} \frac{x^2-y^2}{x-y}$ を求めよ.

2. $\displaystyle\lim_{(x,y)\to(2,1)} \frac{\sqrt{x}-\sqrt{2y}}{x-2y}$ を求めよ.

3. $\displaystyle\lim_{(x,y)\to(1,1)} \frac{2^{-x+y}-1}{x-y}$ を求めよ.

4. $\displaystyle\lim_{(x,y)\to(1,1)} (3-x-y)^{\frac{-1}{x+y-2}}$ を求めよ.
   (ヒント: $t=2-x-y$ とおく.)

5. $\displaystyle\lim_{(x,y)\to(0,0)} \frac{3^{xy}-1}{\sin(3xy)}$ を求めよ.

6. $\displaystyle\lim_{(x,y)\to(1,1)} \frac{x-y}{\tan(x-y)}$ を求めよ.

7. $\displaystyle\lim_{(x,y)\to(0,0)} (1+x^2+y^2)^{\frac{2}{x^2+y^2}}$ を求めよ.

8. $\displaystyle\lim_{(x,y)\to(1,1)} (x-y)\log|x-y|$ を求めよ.

9. 2変数関数 $f(x,y) = \begin{cases} x^2+xy+y^2 & (y \neq x) \\ 3 & (y=x) \end{cases}$
   の連続性を調べよ.

10. 2変数関数 $f(x,y) = \begin{cases} \dfrac{\sin(x^2+y^2)}{x^2+y^2} & (x,y) \neq (0,0) \\ 1 & (x,y) = (0,0) \end{cases}$
    の連続性を調べよ.

15.3 標準問題

1. $\displaystyle\lim_{(x,y)\to(0,0)} \frac{x^2y^2}{x^2+xy+y^2}$ を求めよ.

2. 逐次極限 $\displaystyle\lim_{x\to0}\left(\lim_{y\to0}\frac{xy}{x^4+xy+y^4}\right)$ および

   $\displaystyle\lim_{y\to0}\left(\lim_{x\to0}\frac{xy}{x^4+xy+y^4}\right)$ を求めよ. また, 極限 $\displaystyle\lim_{(x,y)\to(0,0)}\frac{xy}{x^4+xy+y^4}$ が存在するか調べよ.

3. 逐次極限 $\displaystyle\lim_{x\to0}\left(\lim_{y\to0}(2x-y)\log|x-y|\right)$ および

   $\displaystyle\lim_{y\to0}\left(\lim_{x\to0}(2x-y)\log|x-y|\right)$ を求めよ. また, 極限 $\displaystyle\lim_{(x,y)\to(0,0)}(2x-y)\log|x-y|$ が存在するか調べよ. (ヒント: 例えば, 曲線 $x=\dfrac{1}{t}, y=\dfrac{1}{t}+\dfrac{1}{e^{t^2}}$ に沿って点 $(0,0)$ に近づけたときの極限を調べる.)

4. $\displaystyle\lim_{(x,y)\to(0,0)}\frac{xy}{x+y}$ が存在するか調べよ.

5. $\displaystyle\lim_{(x,y)\to(0,0)}(x^2+y^2)^{(x^2+y^2)}$ を求めよ.

6. $\displaystyle\lim_{(x,y)\to(0,0)}(x^2+xy+y^2)^{(x^3-y^3)}$ を求めよ. (ヒント: 対数をとって計算する.)

7. 2変数関数 $f(x,y)=\begin{cases} x\cos\dfrac{1}{xy} & (xy\neq0) \\ 0 & (xy=0) \end{cases}$ の連続性を調べよ.

15.4 発展問題

1. α を正の実数とするとき, 逐次極限
$$\lim_{x \to 0} \left(\lim_{y \to 0} |x|^\alpha \log \left| x^3 + y^3 \right| \right) \text{ および}$$
$$\lim_{y \to 0} \left(\lim_{x \to 0} |x|^\alpha \log \left| x^3 + y^3 \right| \right) \text{ を求めよ. また,}$$
$$\lim_{(x,y) \to (0,0)} |x|^\alpha \log \left| x^3 + y^3 \right| \text{ が存在するか調べよ.}$$
(ヒント: 曲線 $y = \sqrt[3]{-x^3 + |x|^\alpha}$ および $y = \sqrt[3]{-x^3 + e^{-\frac{1}{|x|^\alpha}}}$ に沿って近づけた極限を調べる.)

2. α を正の実数として, $\displaystyle\lim_{(x,y) \to (0,0)} |x|^\alpha \log(x^4 + y^4)$ を求めよ.

3. $f(x)$ が微分可能で導関数 $f'(x)$ が連続のとき, 平均値の定理を用いて $\displaystyle\lim_{(x,y) \to (0,0)} \frac{f(x) - f(y)}{x - y} = f'(0)$ を示せ.

4. 前問の結果を用いて次の各問の極限値を求めよ.

   (1) $\displaystyle\lim_{(x,y) \to (0,0)} \frac{e^x - e^y}{x - y}$

   (2) $\displaystyle\lim_{(x,y) \to (0,0)} \frac{\sin x - \sin y}{x - y}$

   (3) $\displaystyle\lim_{(x,y) \to (0,0)} \left(\frac{1+x}{1+y} \right)^{\frac{1}{x-y}}$
   (ヒント: 対数をとり前問の形に変形する.)

5. α を実数とするとき, 2 変数関数
$$f(x,y) = \begin{cases} \dfrac{\log(1 + x^2 + y^2)}{(x^2 + y^2)^\alpha} & (x,y) \neq (0,0) \\ 1 & (x,y) = (0,0) \end{cases}$$
の連続性を調べよ. (ヒント: $t = x^2 + y^2$ としてロピタルの定理を用いる.)

15.5 補充問題

1. 関数 $f(x,y)$ が, 極限値 $\displaystyle\lim_{(x,y)\to(a,b)} f_1(x,y) = \alpha$ をもつ関数 $f_1(x,y)$ と極限 $\displaystyle\lim_{(x,y)\to(a,b)} f_2(x,y)$ をもたない関数 $f_2(x,y)$ の和として $f(x,y) = f_1(x,y) + f_2(x,y)$ と表されているとする. このとき, 極限 $\displaystyle\lim_{(x,y)\to(a,b)} f(x,y)$ は存在しないことを示せ.

   (ヒント: $f(x,y) - f_1(x,y)$ の収束性に着目する.)

2. 関数 $f(x,y)$ が, 0 でない極限値 $\displaystyle\lim_{(x,y)\to(a,b)} f_1(x,y)$ をもつ関数 $f_1(x,y)$ と極限 $\displaystyle\lim_{(x,y)\to(a,b)} f_2(x,y)$ をもたない関数 $f_2(x,y)$ の積として $f(x,y) = f_1(x,y)f_2(x,y)$ と表されているとする. このとき, 極限 $\displaystyle\lim_{(x,y)\to(a,b)} f(x,y)$ は存在しないことを示せ.

   $\left(\text{ヒント: } \dfrac{f(x,y)}{f_1(x,y)} \text{ の収束性に着目する.}\right)$

3. 前問の結果を用いて極限 $\displaystyle\lim_{(x,y)\to(0,0)} \dfrac{\sin xy}{x+y}$ は存在しないことを示せ.

   $\left(\text{ヒント: } \sin xy = \dfrac{\sin xy}{xy}xy \text{ を用いる.}\right)$

4. 問題 2 で $\alpha = 0$ とすると結論の式が成り立たない例を 1 つあげよ.

5. α を実変数とするとき, 2 変数関数
$$f(x,y) = \begin{cases} \dfrac{x^2y^2}{x^2+y^2+\alpha xy} & (x^2+y^2+\alpha xy \neq 0) \\ 0 & (x^2+y^2+\alpha xy = 0) \end{cases}$$
の連続性を調べよ.

   (ヒント: $x^2+y^2+\alpha xy = 0$ の判別式が各々正負または 0 となる場合に分けて考え, 補充問題 2 を利用する.)

第16章 偏微分と全微分

1. 偏微分係数と偏導関数

   (1) 2変数関数 $f(x,y)$ の偏微分係数 $\dfrac{\partial f(a,b)}{\partial x}$ の定義

   $y=b$ として, 1変数関数 $f(x,b)$ の $x=a$ での微分係数のことであり, 次の式で与えられる.

   $$\frac{\partial f(a,b)}{\partial x} = \lim_{\Delta x \to 0} \frac{f(a+\Delta x, b) - f(a,b)}{\Delta x}$$

   (2) 偏微分係数は軸方向に曲線 $z=f(x,y)$ を切ったときにできる曲線の接線の傾きである.

   (3) 偏導関数 $f_x(x,y) = \dfrac{\partial f(x,y)}{\partial x}$ の定義

   y を固定して, 定義域内の各点 (a,y) に偏微分係数 $\dfrac{\partial f(a,y)}{\partial x}$ を対応させる関数である.

   (4) 偏導関数の計算式

   $$f_x(x,y) = \lim_{\Delta x \to 0} \frac{f(x+\Delta x, y) - f(x,y)}{\Delta x}$$

   (5) 2変数関数 $f(x,y)$ の y に関する偏微分係数 $\dfrac{\partial f(a,b)}{\partial y}$ および偏導関数 $f_y(x,y)$ も同様に定義される.

2. 全微分

   (1) 全微分の定義: 曲面 $z=f(x,y)$ の微小部分が微小平面より成り立っているとき, その微小平面の各軸方向の増分を dx, dy, dz と表し, dz を $f(x,y)$ の**全微分**という.

   (2) 全微分の関係式: $dz = f_x dx + f_y dy$

   (3) 点 (a,b) で全微分可能な条件を表す計算式:

   ある定数 k, ℓ (実際は $k = f_x(a,b), \ell = f_y(a,b)$) で次の式が成立することが全微分可能である必要十分条件である.

   $$\lim_{(\Delta x, \Delta y) \to (0,0)} \left(\frac{f(a+\Delta x, b+\Delta y) - f(a,b)}{\sqrt{\Delta x^2 + \Delta y^2}} - \frac{(k\Delta x + \ell \Delta y)}{\sqrt{\Delta x^2 + \Delta y^2}} \right) = 0$$

   (4) 全微分可能なら偏微分可能である. 一般に逆は成立しない.

   また, $f_x(x,y), f_y(x,y)$ が存在して連続なら全微分可能である.

   (5) 全微分は図形的には (微小な) 接平面を表す.

3. 偏微分については, 1変数の微分の公式がそのまま成り立つ.

   2つの関数 $f(x,y)$ と $g(x,y)$ がともに偏微分可能ならば, 次の式が成立する.

   (1) **偏微分の和と差の公式または微分の線形性**
   $$\frac{\partial (bf(x,y) + cg(x,y))}{\partial x} = b\frac{\partial f(x,y)}{\partial x} + c\frac{\partial g(x,y)}{\partial x}$$

   (2) **偏微分の積の公式**
   $$\frac{\partial (f(x,y)g(x,y))}{\partial x} = \frac{\partial f(x,y)}{\partial x}g(x,y) + f(x,y)\frac{\partial g(x,y)}{\partial x}$$

   (3) **偏微分の商の公式**
   $$\frac{\partial \left(\dfrac{f(x,y)}{g(x,y)} \right)}{\partial x} = \frac{\dfrac{\partial f(x,y)}{\partial x}g(x,y) - f(x,y)\dfrac{\partial g(x,y)}{\partial x}}{\{g(x,y)\}^2}$$

ただし, b, c は定数, (3) では $g(x, y) \neq 0$ とする.
また, y に関する偏微分の式も同様に成立する.

4. 2変数関数の合成関数の微分法

(1) 2変数関数 $f(x, y)$ と 1 変数関数 $x = x(t), y = y(t)$ の合成関数 $z(t) = f(x(t), y(t))$ の導関数は次の式で与えられる.
$$z'(t) = f_x(x, y)x'(t) + f_y(x, y)y'(t)$$

(2) 1 変数関数 $g(t)$ と 2 変数関数 $t = f(x, y)$ の合成関数 $z(x, y) = g(f(x, y))$ の偏導関数は次の式で与えられる.
$$z_x(x, y) = g'(t)t_x(x, y), \qquad z_y(x, y) = g'(t)t_y(x, y)$$

(3) 2変数関数 $f(x, y)$ と 2 変数関数 $x = x(s, t), y = y(s, t)$ の合成関数 $z(s, t) = f(x(s, t), y(s, t))$ の偏導関数は次の式で与えられる.
$$z_s(s, t) = f_x(x, y)x_s(s, t) + f_y(x, y)y_s(s, t),$$
$$z_t(s, t) = f_x(x, y)x_t(s, t) + f_y(x, y)y_t(s, t)$$

16.1　例題

1. 2変数関数 $f(x,y) = x^2 + xy + y^3$ の偏導関数 $f_x(x,y)$ および $f_y(x,y)$ を求めよ．また，偏微分係数 $f_x(2,3)$ および $f_y(2,3)$ を求めよ．

(解) x および y で微分して偏導関数を計算すると

$$f_x(x,y) = 2x + y, \ f_y(x,y) = x + 3y^2$$

となる．これに $(x,y) = (2,3)$ を代入して，$f_x(2,3) = 7, \ f_y(2,3) = 29$ となる．

2. 2変数関数 $z = f(x,y) = x^2 + xy + y^3$ の全微分 dz を求めよ．

(解) $f(x,y)$ は多項式関数より2回偏微分可能なので偏導関数は連続である．よって $f(x,y)$ は全微分可能で，全微分は全微分の公式より

$$dz = f_x(x,y)dx + f_y(x,y)dy = (2x+y)dx + (x+3y^2)dy$$

となる．

3. 曲面 $z = f(x,y) = xy^2$ の点 $(1,1,f(1,1))$ における接平面および xz 平面に平行な接線の式を求めよ．

(解) 接平面の式は $z - f(1,1) = f_x(1,1)(x-1) + f_y(1,1)(y-1)$ で与えられる．$f_x(x,y) = y^2 \ \ f_y(x,y) = 2xy$ より，この式は $z = (x-1) + 2(y-1) + 1$ である．よって，接平面の式は $z = x + 2y - 2$ である．
xz 平面に平行な接線は接平面上にあり，かつ $y = 1$ であるから，$z = x, y = 1$ が求める式である．

4. $f(x,y) = x\sin y, \ x(t) = \cos t, \ y(t) = 2t$ のとき，合成関数 $z(t) = f(x(t),y(t))$ の導関数 $z'(t)$ を2変数関数の合成関数の微分法を用いて求めよ．

(解) 合成関数の微分法を用いて

$$z'(t) = f_x x'(t) + f_y y'(t) = -\sin y \sin t + 2x \cos y = -\sin 2t \sin t + 2\cos t \cos 2t$$

となる．

5. $g(t) = t^2, \ t(x,y) = x^2 + y^2$ のとき，合成関数 $g(x,y) = g(t(x,y))$ の偏導関数 $g_x(x,y)$ および $g_y(x,y)$ を2変数関数の合成関数の微分法を用いて求めよ．

(解) 合成関数の微分法を用いて

$$g_x(x,y) = g'(t(x,y))t_x(x,y) = 2t(x,y) \cdot 2x = 4x(x^2 + y^2),$$
$$g_y(x,y) = g'(t(x,y))t_y(x,y) = 2t(x,y) \cdot 2y = 4y(x^2 + y^2)$$

となる．

6. $f(x,y) = xy, x(s,t) = 2s + 3t, y(s,t) = 3s - 2t$ のとき，合成関数 $z(s,t) = f(x(s,t),y(s,t))$ の偏導関数 $z_s(s,t)$ および $z_t(s,t)$ を2変数関数の合成関数の微分法を用いて求めよ．

(解) 合成関数の微分法を用いて

$$z_s(s,t) = f_x x_s + f_y y_s = 2y + 3x = 2(3s - 2t) + 3(2s + 3t) = 12s + 5t,$$
$$z_t(s,t) = f_x x_t + f_y y_t = 3y - 2x = 3(3s - 2t) - 2(2s + 3t) = 5s - 12t$$

となる．

16.2　基本問題

1. 次の 2 変数関数 $f(x,y)$ の偏導関数 $f_x(x,y)$ および $f_y(x,y)$ を求めよ.

  (1)　$f(x,y) = x\sin y$

  (2)　$f(x,y) = x^2 - xy + y^2$

  (3)　$f(x,y) = e^{xy}$

2. 2 変数関数 $f(x,y) = x^2 y^3$ の偏導関数 $f_x(x,y)$ および $f_y(x,y)$ を求めよ. また, 偏微分係数 $f_x(1,2)$ および $f_y(1,2)$ を求めよ.

3. 2 変数関数 $z = f(x,y) = x^2 \sin y$ の全微分 dz を求めよ.

4. 曲面 $z = f(x,y) = x^2 + 2y^2$ の点 $(1,1,f(1,1))$ における接平面および xz 平面に平行な接線の式を求めよ.

5. $z(x,y) = xe^y$, $x(t) = \sin t$, $y(t) = -t$ のとき, 合成関数 $z(t) = z(x(t),y(t))$ の導関数 $z'(t)$ を 2 変数関数の合成関数の微分法を用いて求めよ.

6. $g(t) = e^t$, $t(x,y) = x^2 + y^2$ のとき, 合成関数 $g(x,y) = g(t(x,y))$ の偏導関数 $g_x(x,y)$ および $g_y(x,y)$ を 2 変数関数の合成関数の微分法を用いて求めよ.

7. $z(x,y) = xe^y$, $x(s,t) = st$, $y(s,t) = s^2 + t^2$ のとき, 合成関数 $z(s,t) = z(x(s,t),y(s,t))$ の偏導関数 $z_s(s,t)$ および $z_t(s,t)$ を 2 変数関数の合成関数の微分法を用いて求めよ.

16.3 標準問題

1. 2変数関数 $f(x,y) = \sin x + \sin xy + \sin y$ の偏導関数 $f_x(x,y)$ および $f_y(x,y)$ を求めよ.

2. 2変数関数 $z = e^{x^2+xy-y^2}$ の全微分 dz を求めよ.

3. 曲面 $z = f(x,y) = e^{-x}\cos y$ の点 $(0,0,f(0,0))$ における接平面および xy 平面に平行な接線の式を求めよ.

4. $z(x,y) = \sin x \cos y$, $x(t) = 2t$, $y(t) = 3t$ のとき, 合成関数 $z(t) = z(x(t),y(t))$ の導関数 $z'(t)$ を 2 変数関数の合成関数の微分法を用いて求めよ.

5. $g(t) = t^2, t(x,y) = e^{-x} + e^{2y}$ のとき, 合成関数 $g(x,y) = g(t(x,y))$ の偏導関数 $g_x(x,y)$ および $g_y(x,y)$ を 2 変数関数の合成関数の微分法を用いて求めよ.

6. $z(x,y) = e^{-x}\cos y$, $x(s,t) = \log st$, $y(s,t) = s+t$ のとき, 合成関数 $z(s,t) = z(x(s,t),y(s,t))$ の偏導関数 $z_s(s,t)$ および $z_t(s,t)$ を 2 変数関数の合成関数の微分法を用いて求めよ. ただし, $s > 0$, $t > 0$ とする.

16.4 発展問題

1. 次の 2 変数関数 $f(x, y)$ の偏導関数を求めよ.

　(1) $f(x, y) = \tan^{-1} \dfrac{y}{x}$

　(2) $f(x, y) = \dfrac{x}{x^2 + y^2}$

2. 関数 $y = g(x)$ が 2 変数関数 $f(x, y)$ に対し, $f(x, g(x)) = 0$ を満たすとき, $g'(x)$ を $f(x, y)$ の偏導関数および $g(x)$ を用いて表せ. ただし, $f_y(x, g(x)) \neq 0$ とする.

3. 2 変数関数 $f(x, y)$ と関数 $x(t) = p + at$, $y(t) = q + bt$ の合成関数を $g(t) = f(x(t), y(t))$ とするとき, $g'(0)$ を求めよ.

4. 2 変数関数 $f(x, y)$ と関数 $x(r, \theta) = r\cos\theta$, $y(r, \theta) = r\sin\theta$ の合成関数を $z(r, \theta) = f(x(r, \theta), y(r, \theta))$ とするとき, $z(r, \theta)$ の偏導関数を $f_x(x, y), f_y(x, y), r$ および θ を用いて表せ.

16.5 補充問題

1. 2変数関数 $f(x,y)$ の偏導関数が
   $f_x(x,y) = xe^{x^2-y^2}$, $f_y(x,y) = -ye^{x^2-y^2}$ であるとする. $x(t) = t^2 + t, y(t) = t^2 - 1$ のとき, $g(t) = f(x(t),y(t))$ が極値をとる t の値を求めよ. また, $g(0) = 0$ のとき, $g(t)$ の極値を求めよ.

2. 2変数関数 $f(x,y)$ と関数 $x(t) = a + t\cos\theta$, $y(t) = b + t\sin\theta$ の合成関数を $g(t) = f(x(t),y(t))$ とし, $f_x(a,b) \neq 0$ を満たしているとする. このとき, $g'(0)$ を最大にする θ に対し, $\tan\theta$ およびそのときの $g'(0)$ の最大値を求めよ.

第17章 テイラー展開とマクローリン展開

1. n 次偏導関数

   2変数関数 $f(x, y)$ を n 回微分した偏導関数で次の記号で表される.

   $$\frac{\partial^n f}{\partial x_n \cdots \partial x_2 \partial x_1}(x, y) \qquad \text{あるいは} \qquad f_{x_1 x_2 \cdots x_n}(x, y)$$

   ただし, $x_1, x_2, \cdots, x_n$ は x または y である.

2. 2変数関数 $f(x, y)$ が連続な偏導関数をもち, $f_{xy}(x, y)$ または $f_{yx}(x, y)$ が連続なら $f_{xy}(x, y) = f_{yx}(x, y)$ である.

3. 2変数関数のテイラー展開

   次のように, 1変数のテイラー展開を x, y を用いて表したものである.

   (1) $(x, y) = (a, b) + t(k, \ell) = (a + tk, b + t\ell)$ と $f(x, y)$ の合成関数 $z(t) = f(a + tk, b + t\ell)$ である1変数関数のテイラー展開が $f(x, y)$ のテイラー展開である.

   (2) $D = k\dfrac{\partial}{\partial x} + \ell\dfrac{\partial}{\partial y}$ とすると

   $$\frac{d^n z}{dt^n}(t) = D^n f(a + kt, b + \ell t) = \sum_{i=0}^{n} {}_n\mathrm{C}_i \, k^{n-i} \ell^i \frac{\partial^n f}{\partial x^{n-i} \partial y^i}(x, y)$$

   となる.

   (3) $f(x, y)$ の $n+1$ 次テイラー展開は次の式で与えられる.

   $$f(x, y) = \sum_{i=0}^{n} \frac{1}{i!} \left[\left((x - a)\frac{\partial}{\partial x} + (y - b)\frac{\partial}{\partial y} \right)^i f \right](a, b) + R_{n+1}(\theta) \quad (0 < \theta < 1)$$

   ここで, $R_{n+1}(\theta)$ は剰余項で次の式で表される.

   $$R_{n+1}(\theta) = \frac{1}{(n+1)!} \left[\left((x - a)\frac{\partial}{\partial x} + (y - b)\frac{\partial}{\partial y} \right)^{n+1} f \right](a + (x - a)\theta, b + (y - b)\theta)$$

   (4) $n \to \infty$ のとき剰余項が 0 に収束するなら, $f(x, y)$ は無限級数を用いて

   $$f(x, y) = \sum_{i=0}^{\infty} \frac{1}{i!} \left[\left((x - a)\frac{\partial}{\partial x} + (y - b)\frac{\partial}{\partial y} \right)^i f \right](a, b)$$

   と表される. この式もテイラー展開と呼ばれる.

4. 2変数関数のマクローリン展開

   原点でのテイラー展開のことで, $n+1$ 次マクローリン展開は次の式で与えられる.

   $$f(x, y) = \sum_{i=0}^{n} \frac{1}{i!} \left[\left(x\frac{\partial}{\partial x} + y\frac{\partial}{\partial y} \right)^i f \right](0, 0) + R_{n+1}(\theta) \quad (0 < \theta < 1)$$

   ここで, $R_{n+1}(\theta)$ は剰余項で次の式で表される.

   $$R_{n+1}(\theta) = \frac{1}{(n+1)!} \left[\left(x\frac{\partial}{\partial x} + y\frac{\partial}{\partial y} \right)^{n+1} f \right](x\theta, y\theta)$$

剰余項が 0 に収束するときは, マクローリン展開は次のように無限級数で表される.

$$f(x, y) = \sum_{i=0}^{\infty} \frac{1}{i!} \left[\left(x\frac{\partial}{\partial x} + y\frac{\partial}{\partial y} \right)^i f \right](0, 0)$$

5. 陰関数

2 変数関数 $f(x, y)$ に対し, 関数 $y = \varphi(x)$ が $f(x, \varphi(x)) = 0$ を満たすとき, $y = \varphi(x)$ を $f(x, y) = 0$ で決まる陰関数という.

陰関数定理 ある領域 D で 2 変数関数 $f(x, y)$ が連続な偏導関数をもつとする. 領域内の点 (a, b) において, $f(a, b) = 0$ かつ $f_y(a, b) \neq 0$ なら, a を含むある開区間で定義された連続関数 $y = \varphi(x)$ がただ 1 つ存在し,

$$f(x, \varphi(x)) = 0, \quad b = \varphi(a), \quad (x, \varphi(x)) \in D$$

を満たす. さらに, $y = \varphi(x)$ は微分可能であり, 導関数は

$$\varphi'(x) = -\frac{f_x(x, \varphi(x))}{f_y(x, \varphi(x))}$$

で与えられる.

17.1 例題

1. $f(x,y) = \dfrac{1}{x+y+1}$ の $(x,y) = (1,0)$ でのテイラー展開を x,y の 2 次の項まで求めよ.
また, $|x+y-1| < 2$ のとき $(x,y) = (1,0)$ でのテイラー展開を求めよ.

(解) $f_x(x,y) = f_y(x,y) = \dfrac{-1}{(x+y+1)^2}$, $f_{xx}(x,y) = f_{xy}(x,y) = f_{yx}(x,y) = f_{yy}(x,y) = \dfrac{2}{(x+y+1)^3}$ であり, n 次偏導関数は全て同じ関数で $\dfrac{(-1)^n n!}{(x+y+1)^{n+1}}$ となる.

$f(1,0) = \dfrac{1}{2}$, $f_x(1,0) = \dfrac{-1}{4}$, $f_{xx}(1,0) = \dfrac{1}{4}$ より, この値を

$$f(x,y) = f(1,0) + \left[\left((x-1)\frac{\partial}{\partial x} + (y-0)\frac{\partial}{\partial y}\right)f\right](1,0) + \frac{1}{2!}\left[\left((x-1)\frac{\partial}{\partial x} + (y-0)\frac{\partial}{\partial y}\right)^2 f\right](1,0) + R_3(\theta),$$

$$R_3(\theta) = \frac{1}{3!}\left[\left((x-1)\frac{\partial}{\partial x} + (y-0)\frac{\partial}{\partial y}\right)^3 f\right](1+(x-1)\theta, 0+(y-0)\theta) \quad (0 < \theta < 1)$$

のテイラー展開の式に代入すると

$$f(x,y) = \frac{1}{2} - \frac{1}{4}(x+y-1) + \frac{1}{8}(x+y-1)^2 - \frac{(x+y-1)^3}{((x-1)\theta + y\theta + 2)^3}$$

となる.
テイラー展開については, 上記と同様に計算できるが, 次のように等比級数の公式を利用して計算できる.

$$f(x,y) = \frac{1}{x+y+1} = \frac{1}{(x-1)+y+2} = \frac{1}{2}\frac{1}{\frac{(x-1)+y}{2}+1}$$
$$= \sum_{n=0}^{\infty}\frac{1}{2}(-1)^n\left(\frac{(x-1)+y}{2}\right)^n = \sum_{n=0}^{\infty}\frac{(-1)^n}{2^{n+1}}(x+y-1)^n$$

2. $f(x,y) = \dfrac{1}{x+y}$ の $(x,y) = (1,1)$ でのテイラー展開を x,y の 3 次の項まで求めよ.
また, $|x+y-2| < 2$ のとき $(x,y) = (1,1)$ でのテイラー展開を求めよ.

(解) テイラー展開は等比級数の公式を利用して $f(x,y) = \dfrac{1}{x+y} = \dfrac{1}{(x-1)+(y-1)+2} = $
$\dfrac{1}{2}\dfrac{1}{\frac{(x-1)+(y-1)}{2}+1} = \sum\limits_{n=0}^{\infty}\dfrac{1}{2}(-1)^n\left(\dfrac{(x-1)+(y-1)}{2}\right)^n = \sum\limits_{n=0}^{\infty}\dfrac{(-1)^n}{2^{n+1}}(x+y-2)^n$ となる.
3 次までのテイラー展開を求めるため,

$$f(x,y) = \frac{1}{x+y} = \frac{1}{(x-1)+(y-1)+2} = \frac{1}{2}\frac{1}{\frac{(x-1)+(y-1)+2}{2}+1}$$

と変形して, 1 変数関数 $g(t) = \dfrac{1}{2}\dfrac{1}{t+1}$ のマクローリン展開

$$g(t) = \sum_{i=0}^{3}\frac{g^{(i)}(0)}{i!}t^i + \frac{g^{(4)}(\theta t)}{4!}t^4 \quad (0 < \theta < 1)$$

を利用する. $g^{(i)}(t) = \dfrac{1}{2}\dfrac{(-1)^i i!}{(1+t)^i}$ より $\dfrac{g^{(i)}(0)}{i!} = \dfrac{(-1)^i}{2}$ となるので,

$$g(t) = \frac{1}{2} - \frac{1}{2}t + \frac{1}{2}t^2 - \frac{1}{2}t^3 + \frac{1}{2}\frac{1}{(\theta t + 1)^4}t^4$$

をえる. これに $t = \dfrac{(x-1)+(y-1)}{2}$ を代入して

$$f(x,y) = \frac{1}{2} - \frac{1}{4}(x+y-2) + \frac{1}{8}(x+y-2)^2 - \frac{1}{16}(x+y-2)^3 + \frac{1}{32}\frac{1}{\theta(x+y-2)+2}(x+y-2)^4$$

をえる.

3. $\boxed{f(x,y) = \log(x+y) \text{ の } (x,y) = (1,1) \text{ でのテイラー展開を } x, y \text{ の 2 次の項まで求めよ.}}$

(解) $f_x(x,y) = f_y(x,y) = \dfrac{1}{x+y}, f_{xx}(x,y) = f_{xy}(x,y) = f_{yx}(x,y) = f_{yy}(x,y) = \dfrac{-1}{(x+y)^2}$ であり, n 次偏導関数は全て同じ関数で $\dfrac{(-1)^{n-1}(n-1)!}{(x+y)^n}$ となる.

$f(1,1) = \log 2, f_x(1,1) = \dfrac{1}{2}, f_{xx}(1,1) = \dfrac{-1}{4}, f_{xxx}(1,1) = \dfrac{1}{4}$ より, この値を

$$f(x,y) = f(1,1) + \left[\left((x-1)\dfrac{\partial}{\partial x} + (y-1)\dfrac{\partial}{\partial y}\right)f\right](1,1) + \dfrac{1}{2!}\left[\left((x-1)\dfrac{\partial}{\partial x} + (y-1)\dfrac{\partial}{\partial y}\right)^2 f\right](1,1) + R_3(\theta)$$

$$R_3(\theta) = \dfrac{1}{3!}\left[\left((x-1)\dfrac{\partial}{\partial x} + (y-1)\dfrac{\partial}{\partial y}\right)^3 f\right](1+(x-1)\theta, 1+(y-1)\theta)$$

のテイラー展開の式に代入すると

$$f(x,y) = \log 2 + \dfrac{1}{2}(x+y-2) - \dfrac{1}{8}(x+y-2)^2 + \dfrac{1}{3}\dfrac{(x+y-2)^3}{((x-1)\theta + (y-1)\theta + 2)^3}$$

となる.

4. $\boxed{|x+y-2| < 2 \text{ のとき, } f(x,y) = \log(x+y) \text{ の } (x,y) = (1,1) \text{ でのテイラー展開を求めよ.}}$

(解) $\dfrac{1}{x+y} = \displaystyle\sum_{i=0}^{\infty} \dfrac{(-1)^i}{2^{i+1}}(x+y-2)^n$ であったので, $\dfrac{1}{t} = \displaystyle\sum_{i=0}^{\infty} \dfrac{(-1)^i}{2^{i+1}}(t-2)^i$ を考える (これは 1 変数関数 $\dfrac{1}{t}$ の $t = 2$ でのテイラー展開の式である).

これを t で積分して

$$\log t = \log 2 + \sum_{i=0}^{\infty} \dfrac{(-1)^i}{2^{i+1}(i+1)}(t-2)^{i+1}$$

となる (これは 1 変数関数 $\log t$ の $t = 2$ でのテイラー展開の式である).

これに $t = x+y$ を代入してえられた式

$$\log(x+y) = \log 2 + \sum_{i=0}^{\infty} \dfrac{(-1)^i}{2^{i+1}(i+1)}(x+y-2)^{i+1}$$

が $\log(x+y)$ の $(x,y) = (1,1)$ でのテイラー展開の式となる.

5. $\boxed{|x+y-2| < 2 \text{ のとき, } f(x,y) = \log(1+x+2y) \text{ の } (x,y) = (1,1) \text{ でのテイラー展開を求めよ.}}$

(解) 1 変数関数 $\log(1+t)$ のマクローリン展開

$$\log(1+t) = t - \dfrac{1}{2}t^2 + \cdots + \dfrac{(-1)^n}{n}t^n + \cdots$$

を利用する. $t = x+2y$ を代入すると求めるマクローリン展開

$$\log(1+x+2y) = (x+2y) - \dfrac{1}{2}(x+2y)^2 + \cdots + \dfrac{(-1)^n}{n}(x+2y)^n + \cdots$$

をえる.

6. $\boxed{f(x,y) = (1+x)\sin(x+y) \text{ のマクローリン展開を求めよ.}}$

(解) 1 変数関数 $\sin t$ のマクローリン展開

$$\sin t = t - \dfrac{1}{3!}t^3 + \cdots + \dfrac{(-1)^{n-1}}{(2n-1)!}t^{2n-1} + \cdots$$

に $t = x+y$ を代入し,

$$\sin(x+y) = (x+y) - \dfrac{1}{3!}(x+y)^3 + \cdots + \dfrac{(-1)^{n-1}}{(2n-1)!}(x+y)^{2n-1} + \cdots,$$

$$x\sin(x+y) = x(x+y) - \frac{1}{3!}x(x+y)^3 + \cdots + \frac{(-1)^{n-1}}{(2n-1)!}x(x+y)^{2n-1} + \cdots$$

の両辺を加えて,

$$(1+x)\sin(x+y) = \{(x+y)+x(x+y)\} - \frac{1}{3!}\{(x+y)^3+x(x+y)^3\} + \cdots + \frac{(-1)^{n-1}}{(2n-1)!}\{(x+y)^{2n-1}+x(x+y)^{2n-1}\} + \cdots$$

をえる.

7. $\boxed{f(x,y) = (1+x)\sin(x+y) \text{ のマクローリン展開を利用して, } n \text{ 次偏微分係数 } \dfrac{\partial^n}{\partial x^{n-i}\partial y^i}f(0,0) \text{ を求めよ.}}$

(解) マクローリン展開

$$f(x,y) = \sum_{i=0}^{\infty} \frac{1}{i!}\left[\left(x\frac{\partial}{\partial x} + y\frac{\partial}{\partial y}\right)^i f\right](0,0)$$

と例題 6 の式の同じ次数の項を比較する. 奇数次と偶数次の場合に分けて

$$\left[\left(x\frac{\partial}{\partial x} + y\frac{\partial}{\partial y}\right)^{2n-1} f\right](0,0) = (-1)^{n-1}(x+y)^{2n-1},$$

$$\frac{1}{2n}\left[\left(x\frac{\partial}{\partial x} + y\frac{\partial}{\partial y}\right)^{2n} f\right](0,0) = (-1)^{n-1}x(x+y)^{2n-1}$$

となり, 両辺の係数を再び比較して, 各 i $(0 \leqq i \leqq 2n-1)$ について
$\dfrac{\partial^{2n-1}}{\partial x^{2n-1-i}\partial y^i}f(0,0) = (-1)^{n-1}$, $\dfrac{\partial^{2n}}{\partial x^{2n-i}\partial y^i}f(0,0) = (-1)^{n-1}2n\dfrac{_{2n-1}\mathrm{C}_i}{_{2n}\mathrm{C}_i}$, $\dfrac{\partial^{2n}}{\partial y^{2n}}f(0,0) = 0$ をえる.

8. $\boxed{x^2 + xy + 3y^2 = 1 \text{ のとき } \dfrac{dy}{dx} \text{ を求めよ. また } \dfrac{dy}{dx} \text{ が存在する範囲を明示せよ.}}$

(解) $f(x,y) = x^2 + xy + 3y^2 - 1$ とおく. $f_y(x,y) = x + 6y$ より陰関数定理から,
$x + 6y \neq 0$ のとき $\dfrac{dy}{dx} = -\dfrac{f_x(x,y)}{f_y(x,y)} = -\dfrac{2x+y}{x+6y}$ となる.

$x+6y = 0$ のとき $x = -6y$ を $f(x,y)$ に代入すると $f(-6y,y) = 33y^2 - 1 = 0$ より $(x,y) = \left(-\dfrac{6}{\sqrt{33}}, \dfrac{1}{\sqrt{33}}\right)$,
$\left(\dfrac{6}{\sqrt{33}}, -\dfrac{1}{\sqrt{33}}\right)$ である. この点では $f_x(x,y) = 2x + y \neq 0$ より $\dfrac{dx}{dy} = -\dfrac{f_y(x,y)}{f_x(x,y)} = -\dfrac{x+6y}{2x+y} = 0$ であるこ
とから陰関数の表す曲線は y 軸に平行な接線をもつ. したがって, $\dfrac{dy}{dx}$ はこの 2 点では存在せず, 他の点では
すべて存在する.

(注意: 接線はすべての点で存在するが, 微分係数は接線が y 軸と平行となる 2 点では存在しない. その意味
でこの曲線には特異点は存在しない.)

9. $\boxed{\text{方程式 } x^3 + y^3 = 3xy \text{ で定まる陰関数に対し, 原点および } (x,y) = \left(\sqrt[3]{4}, \sqrt[3]{2}\right) \text{ 以外の点での導関数 } \dfrac{dy}{dx} \atop \text{を求めよ. また, 原点および } (x,y) = \left(\sqrt[3]{4}, \sqrt[3]{2}\right) \text{ での陰関数の表す曲線の接線の状況を調べよ.}}$

(解) $f(x,y) = x^3 + y^3 - 3xy$ とおく. $f_y(x,y) = 3(y^2 - x)$ より陰関数定理から $x \neq y^2$ のとき

$$\frac{dy}{dx} = -\frac{f_x(x,y)}{f_y(x,y)} = \frac{y-x^2}{y^2-x}$$

となる. また, $x = y^2$ のとき $f(x,y) = 0$ に代入して $(x,y) = (0,0), \left(\sqrt[3]{4}, \sqrt[3]{2}\right)$ となる.

$(x,y) = \left(\sqrt[3]{4}, \sqrt[3]{2}\right)$ のとき $f_x(x,y) = 3(x^2 - y) \neq 0$ より $\dfrac{dx}{dy}(\sqrt[3]{2}) = 0$ となり, 接線は y 軸に平行となる.
原点では $f_x(x,y) = f_y(x,y) = 0$ より特異点である (実際は 2 つの曲線が原点で交わっている).

17.2 基本問題

1. $f(x,y) = \dfrac{1}{x+2y+1}$ の $(x,y)=(1,0)$ でのテイラー展開を x,y の2次の項まで求めよ. また, $|x+2y-1| < 2$ のとき $(x,y)=(1,0)$ でのテイラー展開を求めよ.

2. $f(x,y) = \log(x+y)$ の $(x,y)=(1,2)$ でのテイラー展開を x,y の2次の項まで求めよ. また, $|x+y-3| < 3$ のとき $(x,y)=(1,2)$ でのテイラー展開を求めよ.

3. $f(x,y) = \sin(x+y)$ のマクローリン展開を求めよ.

4. $f(x,y) = (1+y)\log(1+x+y)$ のマクローリン展開を求めよ.

5. $x^2+2xy+5y^2=1$ のとき $\dfrac{dy}{dx}$ を求めよ. また, $\dfrac{dy}{dx}$ が存在する範囲を明示せよ.

6. 方程式 $x^3-y^3=3xy$ で定まる陰関数に対し, 原点および $(x,y)=(-\sqrt[3]{4},\sqrt[3]{2})$ 以外の点での導関数 $\dfrac{dy}{dx}$ を求めよ. また, 原点および $\left(-\sqrt[3]{4},\sqrt[3]{2}\right)$ での陰関数の表す曲線の接線の状況を調べよ.

17.3 標準問題

1. $f(x,y) = \dfrac{1}{(x+y+1)^2}$ の $(x,y) = (0,1)$ でのテイラー展開を x,y の 3 次の項まで求めよ. また, $|x+y-1| < 2$ のとき $(x,y) = (0,1)$ でのテイラー展開を求めよ.

2. $f(x,y) = \dfrac{1}{x^2+y+1}$ の $(x,y) = (0,1)$ でのテイラー展開を x,y の 3 次の項まで求めよ. また, $|x^2+y-1| < 2$ のとき $(x,y) = (0,1)$ でのテイラー展開を求めよ.

3. $f(x,y) = e^{x+y}\sin(x+y)$ のマクローリン展開を 6 次の項まで求めよ. (ヒント: $g(t) = e^t\sin t$ として $g^{(n)}(x) = Ae^t\sin(t+\alpha)$ の形になることを利用する.)

4. $f(x,y) = \dfrac{x}{x+y+1}$ ($|x+y| < 1$) とする.

    (1) $f(x,y)$ のマクローリン展開を求めよ.

    (2) $f(x,y)$ のマクローリン展開を利用して, n 次偏微分係数 $\dfrac{\partial^n}{\partial x^{n-i}\partial y^i} f(0,0)$ を求めよ.

5. $f(x,y) = x^2 - 2xy + y^3 - 2$ とする.

    (1) $f(x,y) = 0$ で定まる陰関数の存在を示せ.

    (2) $f(x,y) = 0$ で定まる陰関数の導関数を x,y を用いて表せ.

17.4 発展問題

1. $f(x,y) = \log(1+x+y)\sin(x+y)$ のマクローリン展開を 6 次の項まで求めよ (ただし, 剰余項は不要). また, このマクローリン展開を利用して, 偏微分係数 $\dfrac{\partial^5}{\partial x^2 \partial y^3} f(0,0)$ を求めよ.

   (ヒント: 求めた式とマクローリン展開の公式の同次の項を比較する.)

2. $f(x,y) = (1+x)e^{x+y}$ とする.

   (1) $f(x,y)$ のマクローリン展開を求めよ.

   (2) $f(x,y)$ のマクローリン展開を利用して, n 次偏微分係数 $\dfrac{\partial^n}{\partial x^{n-i} \partial y^i} f(0,0)$ を求めよ.

3. 方程式 $y^2 - 2xy + 2x^2 + x^4 - x^6 = 0$ で定まる陰関数の表す曲線の接線の状況を調べよ.

17.5 補充問題

1. a をパラメータとする曲線群 $f(x,y,a)=0$ と, その曲線群のすべてに接している曲線 E (曲線群 $f(x,y,a)=0$ の**包絡線**という) があるとする. ここで, 曲線 E の各点は接点となっているとして次の問いに答えよ.

   (1) a を固定したときの曲線 E と $f(x,y,a)=0$ の接点を $x=\varphi(a),\ y=\psi(a)$ として, 関数 φ,ψ を $x=\varphi(t),\ y=\psi(t)$ と定義する. このとき,
   $$f_x(x,y)\varphi'(a)+f_y(x,y)\psi'(a)=0$$
   が成り立っていることを示せ.
   (ヒント: 共通接線より方向ベクトルが比例することを用いる.)

   (2) 曲線 E を表す方程式は
   $$f(x,y,a)=f_a(x,y,a)=0$$
   であることを示せ.
   (ヒント: 曲線 E 上の点がこの方程式を満たし, 逆にこの方程式を満たす点のなす曲線は包絡線であることを確認する.)

   (3) $f(x,y,a)=(x-a)^2+y^2-1=0$ について, $f(x,y,a)=f_a(x,y,a)=0$ から a を消去した式がこの曲線群の包絡線であることを示せ.

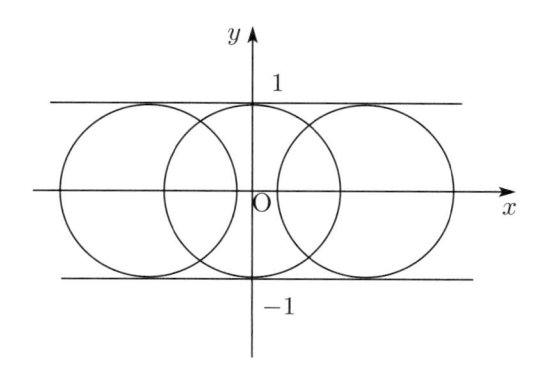

   (4) a をパラメータとする曲線群 $f(x,y,a)=x\cos a+y\sin a-\sin a\cos a=0$ の包絡線を求めよ.

第18章 関数の極値とラグランジュの未定乗数法

1. 極大と極小

   (1) 極小値: (a,b) の近傍で $f(x,y) > f(a,b)$ となるとき, $f(a,b)$ を**極小値**という.
   極大値: (a,b) の近傍で $f(x,y) < f(a,b)$ となるとき, $f(a,b)$ を**極大値**という.
   鞍点: 点 (a,b) を通る曲面に沿った2つの曲線で, $f(a,b)$ が一方の曲線上で極大値, 他方の曲線上で極小値となっているとき, 点 (a,b) を**鞍点**(あんてん)という.

   (2) 2変数関数 $f(x,y)$ が (a,b) で極値をとれば, $f_x(a,b) = f_y(a,b) = 0$ である.

   (3) $f(x,y)$ の判別式: $\Delta(x,y) = f_{xx}(x,y)f_{yy}(x,y) - (f_{xy}(x,y))^2$ で与えられる.

   (4) 条件付き極値: ある条件 $\varphi(x,y) = 0$ のもとでの関数の極値を意味する.

2. 2変数関数の極大・極小判定法
   2変数関数 $f(x,y)$ が, 点 (a,b) の近傍で連続な2次偏導関数をもち $f_x(a,b) = f_y(a,b) = 0$ とする.

   (1) $\Delta(a,b) > 0$ かつ $f_{xx}(a,b) > 0$ なら $f(a,b)$ は極小値である.

   (2) $\Delta(a,b) > 0$ かつ $f_{xx}(a,b) < 0$ なら $f(a,b)$ は極大値である.

   (3) $\Delta(a,b) < 0$ なら $f(a,b)$ は鞍点であり極値でない.

3. Lagrange(ラグランジュ)の未定乗数法 (条件付き極値の候補点の求め方)
   2変数関数 $f(x,y)$ および $\varphi(x,y)$ は, 共に連続な偏導関数をもつとする. 点 (a,b) は, 条件 $\varphi(x,y) = 0$ のもとで $f(x,y)$ の極値を与えているとする. このとき, $(\varphi_x(a,b),\varphi_y(a,b)) \neq (0,0)$ なら, ある定数 (未定乗数 λ) で, 次の連立方程式を満たすものが存在する.

$$\begin{cases} f_x(a,b) - \lambda\varphi_x(a,b) = 0 \\ f_y(a,b) - \lambda\varphi_y(a,b) = 0 \\ \varphi(a,b) = 0 \end{cases}$$

4. ある閉領域 D での極値の候補点の求め方

   (1) 領域 D の内部での極値の候補点を $f_x(a,b) = f_y(a,b) = 0$ より求める.

   (2) 領域 D の境界で条件付き極値の候補点をラグランジュの未定乗数法を用いて求める.

5. 有界あるいは閉領域とは限らない領域 D での極値の判定法

   (1) Lagrange の未定乗数法で現れる条件式 $\varphi(x,y) = 0$ が有界閉曲線であれば, 関数の最大値・最小値を与える点は必ず存在するので極値の候補点から最大値・最小値を求めることができる.

   (2) 条件式 $\varphi(x,y) = 0$ を満たす曲線が直線や半直線など有界でない場合は, 極値の候補点が実際に極値を与えているか否か検証をする必要がある。

   (3) 検証にあたって, 領域 (または曲線) D 内に, 適当な有界閉領域 (または閉曲線) D' をとり, D' では最大値・最小値があることを利用する, 次の事実はよく用いられる.

   領域 (または曲線) D で定義された関数 $f(x,y)$ に対し, 点 (a,b) を内部に含むある D 内の有界閉領域 (曲線の場合は 点 (a,b) を含む閉曲線) D' で点 $f(a,b)$ が極値であれば, $f(a,b)$ は関数 $f(x,y)$ の D での極値である. 特に, D' の内部の点 (または閉曲線上の点) での最大値あるいは最小値は関数 $f(x,y)$ の D での極値である.

18.1 例題

1. 関数 $f(x, y) = x^3 + 3xy - y^3$ の極値を求めよ.

(解) $f_x(x, y) = 3(x^2 + y) = 0$ および $f_y(x, y) = 3(x - y^2) = 0$ を満たす点を求める. 第2式の $x = y^2$ を第1式に代入して $y^4 + y = 0$ となるので, $(x, y) = (0, 0), (1, -1)$ が求める点である.
$f_{xx}(x, y) = 6x$, $f_{yy}(x, y) = -6y$, $f_{xy}(x, y) = 3$ より, 判別式は

$$\Delta(x, y) = f_{xx}(x, y)f_{yy}(x, y) - (f_{xy}(x, y))^2 = -9(4xy + 1)$$

となる.
$\Delta(0, 0) = -9 < 0$ より, 原点では極値をとらない.
$\Delta(1, -1) = 27 > 0$, $f_{xx}(1, -1) = 6 > 0$ より, $(1, -1)$ で極小値 $f(1, -1) = -1$ をとる.

2. $f(x, y) = x^3 + xy^2 - 6xy$ の極値を求めよ.

(解) $f_x(x, y) = 3x^2 + y^2 - 6y = 0$ および $f_y(x, y) = 2xy - 6x = 0$ を満たす点を求める. 第2式より $x = 0$ または $y = 3$ で, 第1式に各々を代入して, $(x, y) = (0, 0), (0, 6), (\pm\sqrt{3}, 3)$ となる.
$f_{xx}(x, y) = 6x$, $f_{yy}(x, y) = 2x$, $f_{xy}(x, y) = 2(y - 3)$ より, 判別式は

$$\Delta(x, y) = f_{xx}(x, y)f_{yy}(x, y) - (f_{xy}(x, y))^2 = 12x^2 - 4(y - 3)^2$$

となる.
$\Delta(0, 0) = -36 < 0$, $\Delta(0, 6) = -36 < 0$ より, 原点および $(0, 6)$ は鞍点となり極値をとらない.
$\Delta(\pm\sqrt{3}, 3) = 36 > 0$, $f_{xx}(\pm\sqrt{3}, 3) = \pm 6\sqrt{3}$ (複号同順) より, $(\sqrt{3}, 3)$ で極小値 $f(\sqrt{3}, 3) = -6\sqrt{3}$ をとり, $(-\sqrt{3}, 3)$ で極大値 $f(-\sqrt{3}, 3) = 6\sqrt{3}$ をとる.

3. $x + y = 2$ のもとで $f(x, y) = xy$ の最大値を求めよ.

(解) $\varphi(x, y) = x + y - 2$ とおく. $\varphi(x, y) = 0$ のもとで $f(x, y)$ が最大値をとる点では極大値をとる. そこでまず, $\varphi(x, y) = 0$ のもとで $f(x, y)$ の極値を与える候補点を求める. $(\varphi_x(x, y), \varphi_y(x, y)) = (1, 1) \neq (0, 0)$ であるから, Lagrange の未定乗数法より極値を与える候補点は,

$$\begin{cases} f_x(x, y) - \lambda\varphi_x(x, y) = 0 \\ f_y(x, y) - \lambda\varphi_y(x, y) = 0 \\ \varphi(x, y) = 0 \end{cases} \quad \text{つまり} \quad \begin{cases} y - \lambda = 0 \\ x - \lambda = 0 \\ x + y - 2 = 0 \end{cases}$$

の解である. ただし, λ は未定乗数である. この連立方程式を解くと, $(x, y) = (1, 1)$ をえる. よって, 点 $(1, 1)$ が極値を与える候補点であり, 最大値を与える候補点である.

点 $(1, 1)$ における値 $f(1, 1) = 1$ が求める最大値であるかどうかを調べる. 直線 $\varphi(x, y) = 0$ 上で $f(x, y) \geqq 0$ となる部分は, 点 $(0, 2)$ と点 $(2, 0)$ を結んだ線分 ℓ である. $f(x, y)$ は連続であり, 線分 ℓ は有界閉集合であるから, ℓ 上で $f(x, y)$ は最大値をもつ. ℓ 上で $f(x, y)$ の最大値を与える候補点は, 上記の計算からえられる点 $(1, 1)$ と ℓ の端の点 $(0, 2), (2, 0)$ である. これらの点における $f(x, y)$ の値を比較すると, ℓ 上での $f(x, y)$ の最大値は $f(1, 1) = 1$ であることがわかる. ℓ 上での最大値が $\varphi(x, y) = 0$ のもとでの最大値であるから, $f(1, 1) = 1$ が求める最大値である.

4. $x - y = 2$, $x \geqq 0$ のもとで $f(x, y) = x^2 e^{-y}$ の最大値および最小値を求めよ.

(解) $\varphi(x, y) = x - y - 2$ とおく. $\varphi(x, y) = 0$, $x \geqq 0$ のもとで $f(x, y)$ が最大値もしくは最小値をとる点では極値をとる. そこでまず, $\varphi(x, y) = 0$, $x \geqq 0$ のもとで $f(x, y)$ の極値を与える候補点を求める.

$(\varphi_x(x,y), \varphi_y(x,y)) = (1, -1) \neq (0,0)$ であるから，Lagrange の未定乗数法より極値を与える候補点は，

$$\begin{cases} f_x(x,y) - \lambda\varphi_x(x,y) = 0 \\ f_y(x,y) - \lambda\varphi_y(x,y) = 0 \\ \varphi(x,y) = 0 \end{cases} \quad \text{つまり} \quad \begin{cases} 2xe^{-y} - \lambda = 0 \\ -x^2 e^{-y} + \lambda = 0 \\ x - y - 2 = 0 \end{cases}$$

の解で $x \geqq 0$ を満たすものである．ただし，λ は未定乗数である．この連立方程式を解くと，$(x,y) = (0,-2), (2,0)$ をえる．どちらも $x \geqq 0$ を満たすので，点 $(0,-2), (2,0)$ が極値を与える候補点であり，最大値もしくは最小値を与える候補点である．

これらの点における値 $f(0,-2) = 0$, $f(2,0) = 4$ が求める最大値もしくは最小値であるかどうかを調べる．$f(x,y) \geqq 0$ であるから $f(0,-2) = 0$ は求める最小値である．

$\displaystyle\lim_{x\to\infty} f(x, x-2) = \lim_{x\to\infty} \frac{x^2}{e^{x-2}} = 0$ であるから，ある実数 $a > 2$ があって，$x \geqq a$ において $f(x, x-2) \leqq 1$ となる．有界閉区間 $[0, a]$ 上で連続関数 $f(x, x-2)$ は最大値をもち，それは $x = 2$ のときの値 $f(2,0) = 4$ である．a のとり方より，$[0, \infty)$ 上での $f(x, x-2)$ の最大値は $f(2,0) = 4$ である．これより，$f(2,0) = 4$ が求める最大値であることがわかる．

5. $\boxed{x^2 + 4y^2 = 32 \text{ のもとで } f(x,y) = xy \text{ の最大値および最小値を求めよ．}}$

(解) $\varphi(x,y) = x^2 + 4y^2 - 32$ とおく．まず，$\varphi(x,y) = 0$ のもとで $f(x,y)$ の極値を与える候補点を求める．曲線 $\varphi(x,y) = 0$ 上では $(\varphi_x(x,y), \varphi_y(x,y)) = (2x, 8y) \neq (0,0)$ であるから，Lagrange の未定乗数法より極値を与える候補点は，

$$\begin{cases} f_x(x,y) - \lambda\varphi_x(x,y) = 0 \\ f_y(x,y) - \lambda\varphi_y(x,y) = 0 \\ \varphi(x,y) = 0 \end{cases} \quad \text{つまり} \quad \begin{cases} y - 2\lambda x = 0 \\ x - 8\lambda y = 0 \\ x^2 + 4y^2 - 32 = 0 \end{cases}$$

の解である．ただし，λ は未定乗数である．第 3 式より $(x,y) \neq (0,0)$ であることと，第 1 式と第 2 式から

$$\begin{vmatrix} -2\lambda & 1 \\ 1 & -8\lambda \end{vmatrix} = 0$$

である．これを解くと，$\lambda = \pm\dfrac{1}{4}$ となり，第 3 式から $(x,y) = (\pm 4, \pm 2)$ をえる．よって，点 $(\pm 4, \pm 2)$ が極値を与える候補点である．

$f(x,y)$ は連続であり，曲線 $\varphi(x,y) = 0$ は有界閉集合であるから，$f(x,y)$ は $\varphi(x,y) = 0$ のもとで最大値および最小値をもつ．最大値もしくは最小値をとる点では極値をとることから，上で求めた極値を与える候補点が最大値もしくは最小値をとる点の候補である．そこで，点 $(\pm 4, \pm 2)$ における $f(x,y)$ の値を比較すると $f(4,2) = f(-4,-2) = 8$ が求める最大値，$f(4,-2) = f(-4,2) = -8$ が求める最小値であることがわかる．

6. $\boxed{2x^2 + y^2 \leqq 4 \text{ を満たす点 } (x,y) \text{ を定義域とする関数 } f(x,y) = x^2 + y^2 \text{ の最大値および最小値を求めよ．}}$

(解) $D = \{(x,y) \mid 2x^2 + y^2 \leqq 4\}$ とおく．まず，D 上で $f(x,y)$ の極値を与える候補点求める．

D の内部 $\{(x,y) \mid 2x^2 + y^2 < 4\}$ で $f(x,y)$ の極値を与える候補点を求める．$f_x(x,y) = 2x = 0$, $f_y(x,y) = 2y = 0$ とおくと，$(x,y) = (0,0)$ であり，これは D の内部の点である．よって，点 $(0,0)$ が D の内部で $f(x,y)$ の極値を与える候補点である．

D の境界 $\{(x,y) \mid 2x^2 + y^2 = 4\}$ 上で $f(x,y)$ の極値を与える候補点を求める．$\varphi(x,y) = 2x^2 + y^2 - 4$ とおく．曲線 $\varphi(x,y) = 0$ 上では $(\varphi_x(x,y), \varphi_y(x,y)) = (4x, 2y) \neq (0,0)$ であるから，Lagrange の未定乗数法より極値を与える候補点は，

$$\begin{cases} f_x(x,y) - \lambda\varphi_x(x,y) = 0 \\ f_y(x,y) - \lambda\varphi_y(x,y) = 0 \\ \varphi(x,y) = 0 \end{cases} \quad \text{つまり} \quad \begin{cases} 2x - 4\lambda x = 0 \\ 2y - 2\lambda y = 0 \\ 2x^2 + y^2 - 4 = 0 \end{cases}$$

の解である. ただし, λ は未定乗数である. 第1式より $x = 0$ または $\lambda = \dfrac{1}{2}$ であり, 第2式より $y = 0$ または $\lambda = 1$ である. 第3式より $(x, y) \neq (0, 0)$ であるから, $x = 0$ かつ $\lambda = 1$ と, $\lambda = \dfrac{1}{2}$ かつ $y = 0$ の2通りが起こりうる. このことと第3式より, $(x, y) = (\pm\sqrt{2}, 0), (0, \pm 2)$ をえる. よって, 点 $(\pm\sqrt{2}, 0), (0, \pm 2)$ が境界上で $f(x, y)$ の極値を与える候補点である.

内部と境界を合わせると, 点 $(0, 0), (\pm\sqrt{2}, 0), (0, \pm 2)$ が D 上で $f(x, y)$ の極値を与える候補点である. ここで $f(x, y)$ は連続であり, D は有界閉集合であるから, $f(x, y)$ は D 上で最大値および最小値をもつ. 最大値もしくは最小値をとる点では極値をとることから, 点 $(0, 0), (\pm\sqrt{2}, 0), (0, \pm 2)$ が最大値もしくは最小値をとる点の候補である. これらの点における $f(x, y)$ の値を比較すると $f(0, \pm 2) = 4$ が求める最大値, $f(0, 0) = 0$ が求める最小値であることがわかる.

18.2 基本問題

1. 関数 $f(x, y) = x^3 - 3xy + y^3$ の極値を求めよ.

2. 関数 $f(x, y) = xy + \dfrac{1}{x} + \dfrac{1}{y}$ の極値を調べよ.

3. $x^2 + y^2 = 2$ のもとで関数 $f(x, y) = xy$ の最大値および最小値を求めよ.

4. $x - y = 3$ のもとで関数 $f(x, y) = y^2 e^{-x}$ の最小値および極大値を求めよ.

5. $x + 2y = 2$ のもとで関数 $f(x, y) = xy$ の最大値を求めよ.

6. $xy = 1$ のもとで関数 $f(x, y) = x^2 + y^2$ の最小値を求めよ.

7. $x^2 + y^2 = 4$ のもとで関数 $f(x, y) = 3x - 2y$ の最大値および最小値を求めよ.

8. $x^2 + y^2 \leqq 4$ を満たす点 (x, y) を定義域とする関数 $f(x, y) = xy$ の最大値および最小値を求めよ.

18.3 標準問題

1. 次の 2 変数関数 $f(x, y)$ について極値をとる候補点を求め, 極値が存在すればその値を求めよ.

    (1) $f(x, y) = ax^2 - 12y + y^3$ (a は負の定数)

    (2) $f(x, y) = ye^{-(x^2+y^2)}$

2. $x^3 = y^3 - 3xy$ のもとで関数 $f(x, y) = x^2 + y^2$ の極大値および最小値を求めよ.

3. $x^2 - xy + y^2 = 6$ のもとでの関数 $f(x, y) = x^3 - y^3$ の最大値および最小値を求めよ.

4. 関数 $f(x, y) = \dfrac{xy}{x^2 + y^2 + 1}$ について領域 $D = \{(x, y) \mid 0 \leqq x \leqq 1,\ 0 \leqq y \leqq 1\}$ での最大値および最小値を求めよ.

18.4 発展問題

1. 関数 $f(x,y) = e^{x\cos y}\sin x$ $(0 \leqq x \leqq 2\pi,\ 0 \leqq y \leqq 2\pi)$ について, 次の問いに答えよ.

  (1) $0 < x < 2\pi, 0 < y < 2\pi$ となる点 (x,y) で $f(x,y)$ が極値をとれば, $\sin y = 0$ であることを示せ.

  (2) $f(x,y)$ の最大値および最小値を求めよ.

2. $xy = 1$ のもとで関数 $f(x,y) = \dfrac{x}{y}\log\dfrac{y}{x}$ の最大値および $\displaystyle\lim_{y\to\infty} f(x,y)$ を求めよ.

3. 関数 $f(x,y) = xye^{-(x^2+y^2)}$ の領域 $D = \left\{ (x,y) \,\middle|\, x+y \leqq \dfrac{1}{2},\ x \geqq 0,\ y \geqq 0 \right\}$ での最大値を求めよ.

4. $1 \leqq x^2 + y^2 \leqq 4$ を満たす点 (x,y) を定義域とする関数 $f(x,y) = xy$ の最大値および最小値を求めよ.

18.5 補充問題

1. 関数 $f(x,y) = xye^{-(x^2+y^2)}$ の最大値および最小値を求めよ.

2. $x^2 + (y-1)^2 \leqq 1$ を満たす点 (x,y) を定義域とする関数 $f(x,y) = x^2 + 2xy - y^2$ の最大値および最小値を求めよ.

第19章　2重積分と累次積分

1. リーマン2重積分

   平面 $\mathbb{R}^2$ の領域 D の細分を $\Delta = \{D_1, D_2, \ldots, D_n\}$, $|D_i|$ を D_i の面積, m_Δ を $|D_1|, |D_2|, \ldots, |D_n|$ の最大値, Δ の点集合を $\overline{\Delta} = \{(x_i, y_i) \mid (x_i, y_i) \in D_i,\ i = 1, \cdots, n\}$ としたとき, $V_\Delta = \sum\limits_{i=1}^{n} f(x_i, y_i)|D_i|$ とおく. $(\Delta_1, \overline{\Delta}_1), (\Delta_2, \overline{\Delta}_2), \cdots, (\Delta_j, \overline{\Delta}_j), \cdots$ を D の細分列で $\lim\limits_{j \to \infty} m_{\Delta_j} = 0$ を満たすとする.

   このような細分列をどのようにとっても $\lim\limits_{j \to \infty} V_{\Delta_j}$ が一定値になるとき, この一定値を

   $$\iint_D f(x, y) dx dy$$

   と表し, $f(x, y)$ の D での**定積分** (2重積分) という. 定積分が存在するとき, 関数 $f(x, y)$ は D で積分可能という.

2. 定積分の存在

   $f(x, y)$ を平面上の有界閉領域 D で定義された連続関数とすると, 定積分 $\iint_D f(x, y) dx dy$ が存在する.

3. 2重積分は極限で定義されるので, 極限に関する性質を用いて, 積分可能な関数 $f(x, y)$ $g(x, y)$ について次の式が成立する.

   (1) 和と差の積分法あるいは積分の線形性

   　　α, β を定数として, 次の式が成立する.

   $$\iint_D (\alpha f(x, y) + \beta g(x, y)) dx dy = \alpha \iint_D f(x, y) dx dy + \beta \iint_D g(x, y) dx dy$$

   (2) 積分の加法性

   　　領域 D が2つの領域 D_1, D_2 に分けられるとき, 次の式が成立する.

   $$\iint_D f(x, y) dx dy = \iint_{D_1} f(x, y) dx dy + \iint_{D_2} f(x, y) dx dy$$

   (3) 積分の大小関係保存性

   　　領域 D で常に $f(x, y) \leqq g(x, y)$ ならば, 次の式が成立する.

   $$\iint_D f(x, y) dx dy \leqq \iint_D g(x, y) dx dy$$

4. 積分の平均値の定理

   2変数関数 $f(x, y)$ が領域 D で連続ならば,

   $$\iint_D f(x, y) dx dy = |D| f(c, d)$$

   を満たす点 $(c, d) \in D$ が存在する. ただし, $|D|$ は, 領域 D の面積である.

5. 累次積分

   (1) 1変数の積分を2回繰り返した積分

   $$\int_a^b \left(\int_{\varphi_1(x)}^{\varphi_2(x)} f(x, y) dy \right) dx \ \text{および} \ \int_c^d \left(\int_{\psi_1(y)}^{\psi_2(y)} f(x, y) dx \right) dy$$

   　　を, **累次積分**あるいは**逐次積分**という.

(2) 閉区間 $[a,b]$ で連続な関数 $y = \varphi_1(x), y = \varphi_2(x)$ があり, $\varphi_1(x) \leqq \varphi_2(x)$ とする.

領域 $D = \{(x,y)|\ a \leqq x \leqq b,\ \varphi_1(x) \leqq y \leqq \varphi_2(x)\}$ とするとき, 次の式が成立する.

$$\iint_D f(x,y)dxdy = \int_a^b \left(\int_{\varphi_1(x)}^{\varphi_2(x)} f(x,y)dy \right) dx$$

(3) 閉区間 $[c,d]$ で連続な関数 $x = \psi_1(y), x = \psi_2(y)$ があり, $\psi_1(y) \leqq \psi_2(y)$ とする.

領域 $D = \{(x,y)|\ c \leqq y \leqq d,\ \psi_1(y) \leqq x \leqq \psi_2(y)\}$ とするとき, 次の式が成立する.

$$\iint_D f(x,y)dxdy = \int_c^d \left(\int_{\psi_1(y)}^{\psi_2(y)} f(x,y)dx \right) dy$$

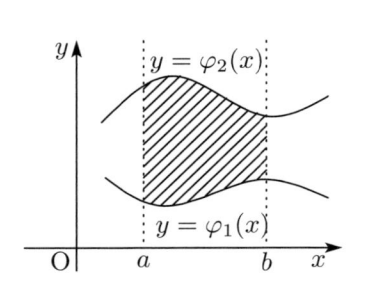 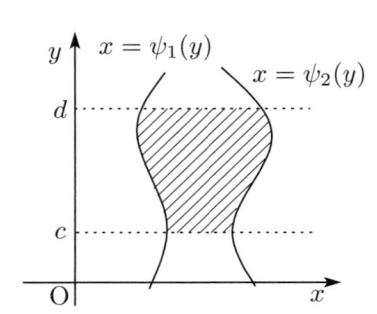

19.1 例題

1. 次の図の斜線部で表される領域 D を集合の記号を用いて表せ.

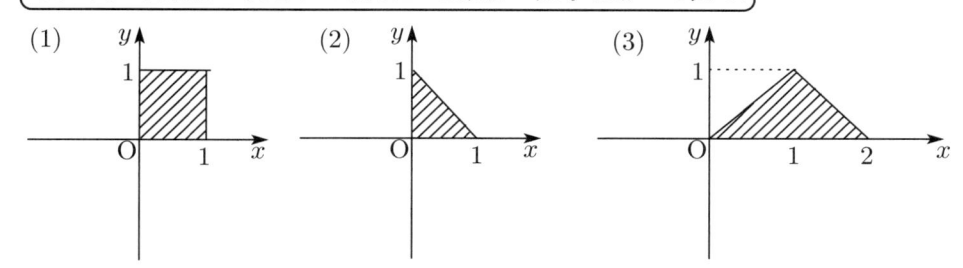

(解) (1) $x\ (0 \leqq x \leqq 1)$ を固定したとき, y は $0 \leqq y \leqq 1$ を変化するので, $D = \{(x,y)|\ 0 \leqq x \leqq 1,\ 0 \leqq y \leqq 1\}$ となる.

(2) $x\ (0 \leqq x \leqq 1)$ を固定したとき, y は $0 \leqq y \leqq 1-x$ を変化するので, $D = \{(x,y)|\ 0 \leqq x \leqq 1,\ 0 \leqq y \leqq 1-x\}$ となる. この集合は, 第 1 象限にあり直線 $x+y=1$ の下側にあるので, 次の形でも表される.
$D = \{(x,y)|\ 0 \leqq x,\ 0 \leqq y,\ x+y \leqq 1\}$

(3) $y\ (0 \leqq y \leqq 1)$ を固定したとき, x は $y \leqq x \leqq 2-y$ を変化するので, $D = \{(x,y)|\ 0 \leqq y \leqq 1,\ y \leqq x \leqq 2-y\}$ となる. この集合は, 第 1 象限にあり直線 $y=-|x-1|+1$ の下側にあるので, 次の形でも表される.
$D = \{(x,y)|\ 0 \leqq y \leqq -|x-1|+1\}$

2. 次の図の斜線部で表される領域を D とするとき, 2 重積分 $\iint_D f(x,y)dxdy$ を $\int_a^b \left(\int_c^d f(x,y)dx \right) dy$ および $\int_{a'}^{b'} \left(\int_{c'}^{d'} f(x,y)dy \right) dx$ の形の累次積分で表せ.

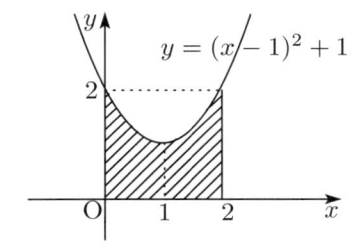

(解) $D = \{(x,y)|\ 0 \leqq x \leqq 2,\ 0 \leqq y \leqq (x-1)^2+1\}$ と表されるので,
$\iint_D f(x,y)dxdy = \int_0^2 \left(\int_0^{(x-1)^2+1} f(x,y)dy \right) dx$ となる.

D は次の 3 つの領域 D_1, D_2 D_3 の和集合である.

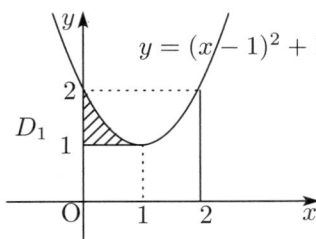 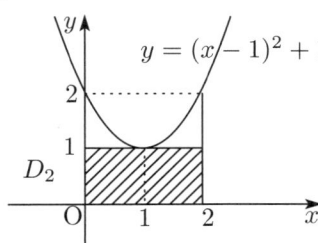 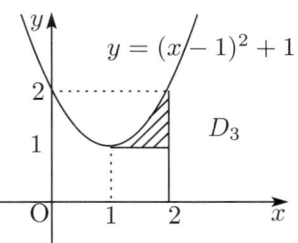

よって, $\iint_D f(x,y)dxdy = \iint_{D_1} f(x,y)dxdy + \iint_{D_2} f(x,y)dxdy + \iint_{D_3} f(x,y)dxdy$ であるので, 各々の 2 重積分を累次積分で表す.

D_1 では $y\ (1 \leqq y \leqq 2)$ を固定したとき, x は $0 \leqq x \leqq 1-\sqrt{y-1}$ を変化するので
$D_1 = \{(x,y)|\ 1 \leqq y \leqq 2,\ 0 \leqq x \leqq 1-\sqrt{y-1}\}$ より
$\iint_{D_1} f(x,y)dxdy = \int_1^2 \left(\int_0^{1-\sqrt{y-1}} f(x,y)dx \right) dy$ となる.

D_2 では $y\ (0 \leqq y \leqq 1)$ を固定したとき, x は $0 \leqq x \leqq 2$ を変化するので
$D_2 = \{(x,y)|\ 0 \leqq y \leqq 1,\ 0 \leqq x \leqq 2\}$ より

$$\iint_{D_2} f(x,y)dxdy = \int_0^1 \left(\int_0^2 f(x,y)dx \right) dy \text{ となる.}$$

D_3 では $y\ (1 \le y \le 2)$ を固定したとき, x は $1 + \sqrt{y-1} \le x \le 2$ を変化するので

$D_3 = \{(x,y)|\ 1 \le y \le 2,\ 1 + \sqrt{y-1} \le x \le 2\}$ より

$$\iint_{D_3} f(x,y)dxdy = \int_1^2 \left(\int_{1+\sqrt{y-1}}^2 f(x,y)dx \right) dy \text{ となる.}$$

よって,

$$\iint_D f(x,y)dxdy = \int_1^2 \left(\int_0^{1-\sqrt{y-1}} f(x,y)dx \right) dy + \int_0^1 \left(\int_0^2 f(x,y)dx \right) dy + \int_1^2 \left(\int_{1+\sqrt{y-1}}^2 f(x,y)dx \right) dy$$

となる.

3. 領域 $D = \{(x,y)|\ 0 \le x \le 1,\ 0 \le y \le 2\}$ に対し, 2重積分 $\iint_D (x^2 + xy + y^2)dxdy$ の値を求めよ.

(解) $\displaystyle \iint_D (x^2 + xy + y^2)dxdy = \int_0^2 \left(\int_0^1 (x^2 + xy + y^2)dx \right) dy = \int_0^2 \left[\frac{1}{3}x^3 + \frac{1}{2}x^2 y + xy^2 \right]_{x=0}^{x=1} dy$

$\displaystyle = \left[\frac{1}{3}y + \frac{1}{4}y^2 + \frac{1}{3}y^3 \right]_0^2 = \frac{13}{3}$ である.

4. 次の図の斜線部で表される領域を D とするとき, 2重積分 $\iint_D (x^2 + y^2)dxdy$ の値を求めよ.

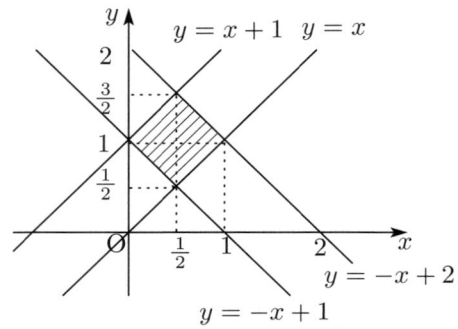

(解) 領域 D を $D_1 = \left\{ (x,y)\middle|\ 0 \le x \le \frac{1}{2},\ -x+1 \le y \le x+1 \right\}$ と $D_2 = \left\{ (x,y)\middle|\ \frac{1}{2} \le x \le 1,\ x \le y \le -x+2 \right\}$
に分割すると, $\displaystyle \iint_D (x^2 + y^2)dxdy = \iint_{D_1} (x^2 + y^2)dxdy + \iint_{D_2} (x^2 + y^2)dxdy$ であるので, 各々の2重積分を累次積分で表して計算する.

$$\iint_{D_1} (x^2 + y^2)dxdy = \int_0^{\frac{1}{2}} \left(\int_{-x+1}^{x+1} (x^2 + y^2)dy \right) dx = \int_0^{\frac{1}{2}} \left[x^2 y + \frac{1}{3}y^3 \right]_{y=-x+1}^{y=x+1} dx = \int_0^{\frac{1}{2}} \left(\frac{8}{3}x^3 + 2x \right) dx$$

$$= \left[\frac{2}{3}x^4 + x^2 \right]_0^{\frac{1}{2}} = \frac{7}{24}$$

$$\iint_{D_2} (x^2 + y^2)dxdy = \int_{\frac{1}{2}}^1 \left(\int_x^{-x+2} (x^2 + y^2)dy \right) dx = \int_{\frac{1}{2}}^1 \left[x^2 y + \frac{1}{3}y^3 \right]_{y=x}^{y=-x+2} dx$$

$$= \int_{\frac{1}{2}}^1 \left(-\frac{8}{3}x^3 + 4x^2 - 4x + \frac{8}{3} \right) dx = \left[-\frac{2}{3}x^4 + \frac{4}{3}x^3 - 2x^2 + \frac{8}{3}x \right]_{\frac{1}{2}}^1 = \frac{3}{8}$$

より, $\displaystyle \iint_D (x^2 + y^2)dxdy = \frac{2}{3}$ となる.

5. $\displaystyle \iint_D f(x,y)dxdy = \int_0^1 \left(\int_x^{\sqrt{x}} f(x,y)dy \right) dx$ とするとき, 領域 D を図示せよ.

(解) $x\ (0 \le x \le 1)$ を固定すると, y は $x \le y \le \sqrt{x}$ を変化するので, 領域 D は $D = \{(x,y)|\ 0 \le x \le 1,\ x \le y \le \sqrt{x}\}$ となり, 次の図の斜線部となる.

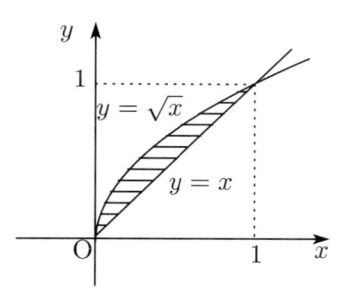

6. $$\iint_D f(x,y)dxdy = \int_0^1 \left(\int_{\sqrt{y}}^{\sqrt[3]{y}} f(x,y)dx \right) dy$$ とするとき，領域 D を図示せよ．

(解) $y\ (0 \leqq y \leqq 1)$ を固定すると，x は $\sqrt{y} \leqq x \leqq \sqrt[3]{y}$ を変化するので，
積分領域は $D = \{(x,y)|\ 0 \leqq y \leqq 1,\ \sqrt{y} \leqq x \leqq \sqrt[3]{y}\}$ となり，次の図の斜線部となる．

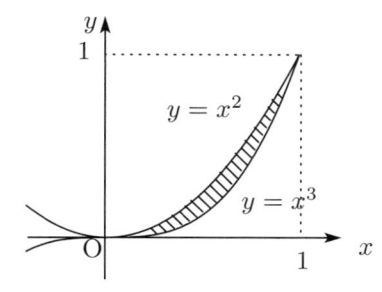

7. $f(x,y) = \dfrac{1}{\sqrt{y^2+1}}$ とする．累次積分 $\displaystyle\int_0^1 \left(\int_x^1 f(x,y)dy \right) dx$ を 2 重積分 $\displaystyle\iint_D f(x,y)dxdy$ で表し，この積分の値を求めよ．

(解) 領域 D は $D = \{(x,y)|\ 0 \leqq x \leqq 1,\ x \leqq y \leqq 1\}$ で次の図の斜線部となる．

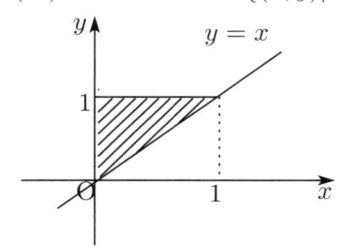

これより，領域 D は $D = \{(x,y)|\ 0 \leqq y \leqq 1,\ 0 \leqq x \leqq y\}$ とも表せるので，
$\displaystyle\iint_D f(x,y)dxdy = \int_0^1 \left(\int_0^y f(x,y)dx \right) dy$ と表せる．

$\displaystyle\int_0^1 \left(\int_0^y \frac{1}{\sqrt{y^2+1}}dx \right) dy = \int_0^1 \frac{y}{\sqrt{y^2+1}}dy$ であり，$t = y^2+1$ と置換積分をすると

$\displaystyle\int_0^1 \frac{y}{\sqrt{y^2+1}}dy = \int_1^2 \frac{1}{2\sqrt{t}}dt = \left[\sqrt{t} \right]_1^2 = \sqrt{2}-1$ をえる．

8. 積分順序を交換することで $\displaystyle\int_0^1 \left(\int_x^1 \sqrt{y^2-x^2}dy \right) dx = \dfrac{1}{12}\pi$ を示せ．

(解) 例題 7 の図と同じ領域になるので，$f(x,y) = \sqrt{y^2-x^2}$ とすると，
$\displaystyle\int_0^1 \left(\int_x^1 \sqrt{y^2-x^2}dy \right) dx = \int_0^1 \left(\int_0^y \sqrt{y^2-x^2}dx \right) dy$ である．そこで，$x = y\cos\theta$ と置換積分すると
$\displaystyle\int_0^y \sqrt{y^2-x^2}dx = \int_{-\frac{\pi}{2}}^0 y^2 \sin^2\theta d\theta = y^2 \int_{-\frac{\pi}{2}}^0 \frac{1-\cos 2\theta}{2}d\theta = \frac{\pi}{4}y^2$ より，
$\displaystyle\int_0^1 \left(\int_0^y f(x,y)dx \right) dy = \int_0^1 \frac{\pi}{4}y^2 dy = \frac{1}{12}\pi$ となる．

19.2 基本問題

1. 次の図の斜線部で表される領域 D を集合の記号を用いて表せ.

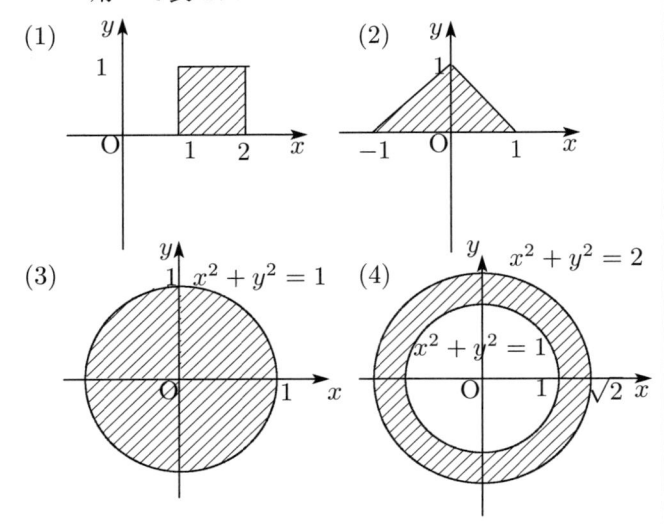

2. $\displaystyle\iint_D f(x,y)dxdy = \int_0^1\left(\int_1^2 f(x,y)dy\right)dx$ のとき, 領域 D を図示し積分順序を交換せよ.

3. $\displaystyle\iint_D f(x,y)dxdy = \int_{-1}^0\left(\int_0^{y+1} f(x,y)dx\right)dy$ とするとき, 領域 D を図示し積分順序を交換せよ.

4. 領域 $D = \{(x,y)|\ 0 \leqq x \leqq 1,\ 0 \leqq y \leqq 2\}$ に対し, 次の 2 重積分の値を求めよ.

   (1) $\displaystyle\iint_D (x^2 + 2xy - y^3)dxdy$

   (2) $\displaystyle\iint_D xe^{xy}dxdy$

5. 領域 $D = \{(x,y)|\ 0 \leqq x \leqq \sqrt{\pi},\ 0 \leqq y \leqq x\}$ に対し, 2 重積分 $\displaystyle\iint_D \cos x^2 dxdy$ の値を求めよ.

19.3　標準問題

1. 次の累次積分を2重積分 $\displaystyle\iint_D f(x,y)dxdy$ で表すとき，領域 D を図示し積分順序を交換せよ．

(1) $\displaystyle\int_0^1 \left(\int_y^{\sqrt{y}} f(x,y)dx \right) dy$

(2) $\displaystyle\int_0^1 \left(\int_{\sqrt{x}}^{2-x^2} f(x,y)dy \right) dx$

(3) $\displaystyle\int_0^1 \left(\int_{-x}^{x} f(x,y)dy \right) dx$

2. 領域 $D = \{(x,y)\mid 0 \leqq y \leqq 1,\ 0 \leqq x \leqq y\}$ に対し，2重積分 $\displaystyle\iint_D ye^{x+y}dxdy$ の値を求めよ．

3. 領域 $D = \{(x,y)\mid 0 \leqq x \leqq 1,\ 0 \leqq y \leqq 4\}$ に対し，2重積分 $\displaystyle\iint_D \frac{y+1}{(x+y+1)^3}dxdy$ の値を求めよ．

4. 次の図の斜線部で表される領域を D とするとき，2重積分 $\displaystyle\iint_D (x^2+xy+y^2)dxdy$ の値を求めよ．

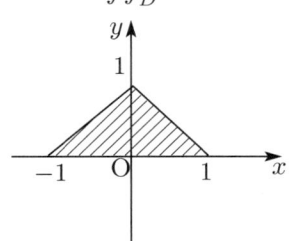

5. 次の図の斜線部で表される領域を D とするとき，2重積分 $\displaystyle\iint_D (x^2+3y^2)dxdy$ の値を求めよ．

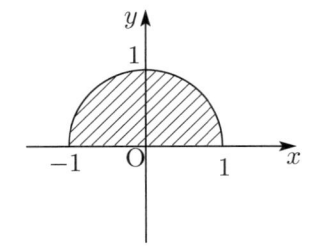

19.4 発展問題

1. $$\iint_D f(x,y)dxdy = \int_{-1}^{1}\left(\int_{\sqrt{1-x^2}}^{\sqrt{2-x^2}} f(x,y)dy\right)dx$$
   とするとき, 領域 D を図示し積分順序を交換せよ.

2. 2 変数関数 $F(x,y)$, $f(x,y)$ が, $\dfrac{\partial^2 F(x,y)}{\partial x \partial y} = f(x,y)$ を満たしているとする.

   (1) 領域 $D = \{(x,y)|\ a \leqq x \leqq b,\ c \leqq y \leqq d\}$ に対し,
   $$\iint_D f(x,y)dxdy = F(a,c) + F(b,d) - F(a,d) - F(b,c)$$
   であることを示せ. ただし, a,b,c,d は定数とする.

   (2) 領域 $D = \{(x,y)|\ 1 \leqq x \leqq 2,\ 2 \leqq y \leqq 3\}$ に対し, 2 重積分 $\displaystyle\iint_D xye^{x^2+y^2}dxdy$ の値を求めよ.

3. 累次積分 $\displaystyle\int_0^5\left(\int_{\frac{-1+\sqrt{1+3x}}{3}}^{1}\frac{1}{\sqrt{y^3+y^2+1}}dy\right)dx$ の値を求めよ.

4. 領域 $D = \left\{(x,y)|\ 0 \leqq y \leqq 2,\ \dfrac{y}{2} \leqq x \leqq 1\right\}$ に対し, 2 重積分 $\displaystyle\iint_D \frac{1}{x^2+1}dxdy$ の値を求めよ.

19.5 補充問題

1. 次の図の斜線部で表される領域 D を集合の記号を用いて表せ.

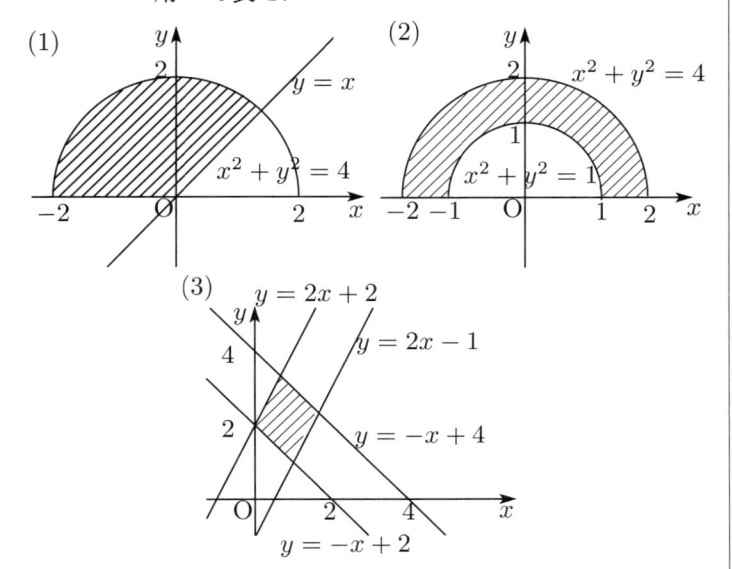

(1)

(2)

(3)

2. $\displaystyle \int_0^2 \left(\int_x^2 \sqrt{y^2 - x^2}\, dy \right) dx = \frac{2}{3}\pi$ を示せ.

3. $0 < \alpha < \beta$ とし, 関数 $f(x)$ の導関数 $f'(x)$ が連続で $\displaystyle \lim_{x \to \infty} f(x) = 0$ とする. このとき, $\displaystyle \int_0^\infty \frac{f(\beta x) - f(\alpha x)}{x}\, dx = f(0) \log \frac{\alpha}{\beta}$ となることを示せ.

$\left(\text{ヒント}: \displaystyle \int_\alpha^\beta \left(\int_0^\infty f'(xy)\, dx \right) dy \right.$

$\left. = \displaystyle \int_0^\infty \left(\int_\alpha^\beta f'(xy)\, dy \right) dx \right.$ を用いる.$\Big)$

4. $0 < r$ として, D_r, E_r を各々次の図の斜線部で表される領域とする.

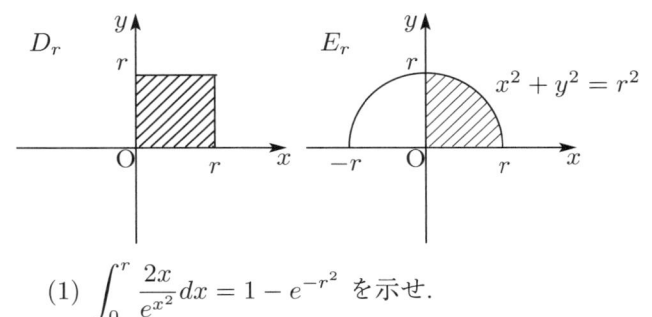

D_r $\qquad$ E_r

(1) $\displaystyle \int_0^r \frac{2x}{e^{x^2}}\, dx = 1 - e^{-r^2}$ を示せ.

(2) $\displaystyle \iint_{D_r} \frac{4xy}{e^{x^2+y^2}}\, dxdy = (1 - e^{-r^2})^2$ を示せ.

(3) $\displaystyle \iint_{D_t} \frac{4xy}{e^{x^2+y^2}}\, dxdy \leqq \iint_{E_r} \frac{4xy}{e^{x^2+y^2}}\, dxdy$

$\leqq \displaystyle \iint_{D_r} \frac{4xy}{e^{x^2+y^2}}\, dxdy$ を示せ. ただし, $t = \dfrac{r}{\sqrt{2}}$ である.

(4) $\displaystyle \lim_{r \to \infty} \iint_{E_r} \frac{4xy}{e^{x^2+y^2}}\, dxdy = 1$ を示せ.

第20章　2重積分の計算法

1. 正則1次変換を用いた計算法

   (1) 正則行列 $\begin{pmatrix} a & b \\ c & d \end{pmatrix}$ による1次変換 $\begin{pmatrix} u \\ v \end{pmatrix} = \begin{pmatrix} a & b \\ c & d \end{pmatrix}\begin{pmatrix} x \\ y \end{pmatrix}$ で, 対応する領域の面積は $|ad - bc|$ 倍される.

   (2) 正則1次変換 $u = ax + by, v = cx + dy$ で, xy 平面の領域 D と uv 平面の領域 D' が1対1に対応しているとする. D' 上で積分可能な2変数関数 $f(u,v)$ と D 上の2変数関数 $f(ax + by, cx + dy)$ に関して, 次の式が成立する.
   $$\iint_D f(ax + by, cx + dy)dxdy = \frac{1}{|ad - bc|}\iint_{D'} f(u,v)dudv$$

   (3) 正則1次変換 $x = au + bv, y = cu + dv$ で, uv 平面の領域 D' と xy 平面の領域 D が1対1に対応しているとする. D 上で積分可能な2変数関数 $f(x,y)$ に関して, 次の式が成立する.
   $$\iint_D f(x,y)dxdy = |ad - bc|\iint_{D'} f(au + bv, cu + dv)dudv$$

2. ヤコビアン

   (1) 全微分可能な関数による変換 $u = u(x,y), v = v(x,y)$ で, 対応する微小部分の面積は $|u_x v_y - v_x u_y|$ 倍される. そこで,
   $$J(x,y) = \begin{vmatrix} u_x & u_y \\ v_x & v_y \end{vmatrix} = u_x v_y - u_y v_x$$
   と表し, $J(x,y)$ を**ヤコビアン**とよぶ.

   (2) 全微分可能な関数による変換 $u = u(x,y), v = v(x,y)$ で, xy 平面の領域 D と uv 平面の領域 D' が1対1に対応しているとする. D' 上で積分可能な2変数関数 $f(u,v)$ に関して次の式が成立する.
   $$\iint_{D'} f(u,v)dudv = \iint_D f(u(x,y), v(x,y))|J(x,y)|dxdy$$

   (3) 全微分可能な関数による変換 $x = x(u,v), y = y(u,v)$ で, uv 平面の領域 D' と xy 平面の領域 D が1対1に対応しているとする. $J(u,v) = x_u y_v - x_v y_u$ とするとき, D 上で積分可能な2変数関数 $f(x,y)$ に関して, 次の式が成立する.
   $$\iint_D f(x,y)dxdy = \iint_{D'} f(x(u,v), y(u,v))|J(u,v)|dudv$$

3. 極座標を用いた計算法

   (1) 極座標表示 $x = r\cos\theta, y = r\sin\theta$ に対し $J(r,\theta) = r$ である.

   (2) 次の式が成立する.
   $$\iint_D f(x,y)dxdy = \iint_{D'} f(r\cos\theta, r\sin\theta)rdrd\theta$$

20.1 例題

1. 領域 $D = \{(x,y)|\, 1 \leqq x+y \leqq 2,\ -1 \leqq x-2y \leqq 1\}$ に対し, 2 重積分 $\iint_D (-2x+y)dxdy$ の値を求めよ.

(解) $u = x+y,\ v = x-2y$ とおくと, 領域 D に対応する (u,v) の領域は $D' = \{(u,v)|\, 1 \leqq u \leqq 2,\ -1 \leqq v \leqq 1\}$ となる. したがって, $\begin{pmatrix} u \\ v \end{pmatrix} = \begin{pmatrix} 1 & 1 \\ 1 & -2 \end{pmatrix}\begin{pmatrix} x \\ y \end{pmatrix}$ で $\begin{vmatrix} 1 & 1 \\ 1 & -2 \end{vmatrix} = -3$ より,

$$\iint_D (-2x+y)dxdy = \frac{1}{3}\iint_{D'}(-u-v)dudv = \frac{1}{3}\int_{-1}^1\left(\int_1^2(-u-v)du\right)dv = \frac{1}{3}\int_{-1}^1\left[-\frac{1}{2}u^2-uv\right]_1^2 dv$$

$$= \frac{1}{3}\int_{-1}^1\left(-\frac{3}{2}-v\right)dv = -1 \ \text{となる.}$$

2. 次の変数変換に対するヤコビアンを求めよ.

(1) $x = 3r\cos\theta,\ y = 4r\sin\theta$

(解) $J(r,\theta) = x_r y_\theta - x_\theta y_r = 12r\cos^2\theta + 12r\sin^2\theta = 12r$ となる.

(2) $x = u^2 + v,\ y = v^2 + u$

(解) $J(u,v) = x_u y_v - x_v y_u = 2u \cdot 2v - 1 = 4uv - 1$ となる.

(3) $x = e^u\cos v,\ y = e^u\sin v$

(解) $J(u,v) = x_u y_v - x_v y_u = e^{2u}\cos^2 v + e^{2u}\sin^2 v = e^{2u}$ となる.

3. 領域 $D = \{(x,y)|\, 1 \leqq x^2+y^2 \leqq 4\}$ での 2 重積分 $\iint_D \dfrac{1}{(x^2+y^2)^2}dxdy$ の値を極座標変換を用いて求めよ.

(解) $x = r\cos\theta,\ y = r\sin\theta$ とおくと, 領域 D に対応する (r,θ) の領域は $D' = \{(r,\theta)|\, 1 \leqq r \leqq 2,\ 0 \leqq \theta \leqq 2\pi\}$ となる. $J(r,\theta) = r$ であるから

$$\iint_D \frac{1}{(x^2+y^2)^2}dxdy = \iint_{D'}\frac{1}{r^4}\cdot r\,drd\theta = \int_1^2\left(\int_0^{2\pi}\frac{1}{r^3}d\theta\right)dr = \int_1^2 2\pi\cdot\frac{1}{r^3}dr = \pi\left[-\frac{1}{r^2}\right]_1^2 = \frac{3}{4}\pi$$

となる.

4. 領域 $D = \left\{(x,y)\,\middle|\, x^2+y^2 \leqq 4,\ y \geqq \dfrac{1}{\sqrt{3}}x,\ y \geqq 0\right\}$ での 2 重積分 $\iint_D \dfrac{1}{\sqrt{2x^2+2y^2+1}}dxdy$ の値を極座標変換を用いて求めよ.

(解) 領域 D を図示すると右の斜線部のようになる.
直線 $y = \dfrac{1}{\sqrt{3}}x$ と x 軸のなす角は $\dfrac{\pi}{6}$ であるから
$x = r\cos\theta,\ y = r\sin\theta$ とおくと, 領域 D に対応する
(r,θ) の領域 D' は $D' = \left\{(r,\theta)\,\middle|\, 0 \leqq r \leqq 2,\ \dfrac{\pi}{6} \leqq \theta \leqq \pi\right\}$ となる.
$J(r,\theta) = r$ であるから

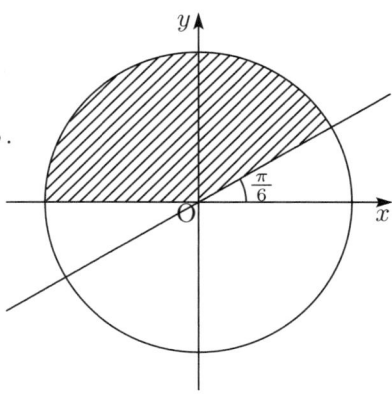

$$\iint_D \frac{1}{\sqrt{2x^2+2y^2+1}}dxdy = \iint_{D'}\frac{1}{\sqrt{2r^2+1}}\cdot r\,drd\theta$$

$$= \int_0^2\left(\int_{\frac{\pi}{6}}^{\pi}\frac{r}{\sqrt{2r^2+1}}d\theta\right)dr = \frac{5}{6}\pi\int_0^2\frac{r}{\sqrt{2r^2+1}}dr$$

$$= \frac{5}{6}\pi\left[\frac{1}{2}\sqrt{2r^2+1}\right]_0^2 = \frac{5}{6}\pi\left(\frac{3}{2}-\frac{1}{2}\right) = \frac{5}{6}\pi$$

となる.

5. 領域 $D = \{(x,y)|\ x^2 - 6x + y^2 \leqq 0\}$ に対し, 2重積分 $\displaystyle\iint_D (x^2 + y^2)dxdy$ の値を求めよ.

(解) 領域 D は $D = \{(x,y)|\ (x-3)^2 + y^2 \leqq 9\}$ と表されるので, $x = r\cos\theta + 3,\ y = r\sin\theta$ とおく. 領域 D に対応する (r,θ) の領域は $D' = \{(r,\theta)|\ 0 \leqq r \leqq 3,\ 0 \leqq \theta \leqq 2\pi\}$ となる. $J(r,\theta) = r$ であるから

$$\iint_D (x^2 + y^2)^2 dxdy = \iint_{D'} ((r\cos\theta + 3)^2 + (r\sin\theta)^2)r\ drd\theta = \iint_{D'} (r^2 + 6r\cos\theta + 9)r\ drd\theta$$

$$= \int_0^3 \left(\int_0^{2\pi} (r^3 + 6r^2\cos\theta + 9r)d\theta\right) dr = \int_0^3 \left[r^3\theta + 9r\theta + 6r^2\sin\theta\right]_0^{2\pi} dr$$

$$= 2\pi \int_0^3 (r^3 + 9r)dr = 2\pi \left[\frac{1}{4}r^4 + \frac{9}{2}r^2\right]_0^3 = \frac{243}{2}\pi$$

となる.

6. 領域 $D = \{(x,y)|\ 1 \leqq x^2 y \leqq 4, -2 \leqq -x + y \leqq 0\}$ に対し, 2重積分 $\displaystyle\iint_D (-x^3 - x^2 y + 2xy^2)dxdy$ の値を求めよ.

(解) $u = x^2 y,\ v = -x + y$ とおくと, 領域 D に対応する (u,v) の領域は $D' = \{(u,v)|\ 1 \leqq u \leqq 4, -2 \leqq v \leqq 0\}$ となる. $J(x,y) = 2xy + x^2 = x(x + 2y)$ であり, 領域 D 内では $J(x,y) > 0$ であるから

$$\iint_D (-x^3 - x^2 y + 2xy^2)dxdy = \iint_D x(x+2y)(y-x)dxdy = \iint_{D'} v\,dudv$$

$$= \int_{-2}^0 \left(\int_1^4 v\,du\right) dv = \int_0^3 3vdv = \left[\frac{3}{2}v^2\right]_{-2}^0 = -6$$

となる.

20.2 基本問題

1. 領域 $D = \{(x,y)| \ 0 \leqq x+y \leqq 2, \ -3 \leqq 3x-y \leqq 1\}$ に対し, 2 重積分 $\iint_D (3x-y)e^{x+y}dxdy$ の値を求めよ.

2. 領域 $D = \{(x,y) \mid -1 \leqq 2x-y \leqq 1, \ 1 \leqq 3x-2y \leqq 3\}$ に対し, 2 重積分 $\iint_D (2x-y)(x-y)dxdy$ の値を求めよ.

3. 次の変数変換に対するヤコビアンを求めよ.

   (1) $\quad x = u+3v, \ y = 2u+5v$

   (2) $\quad x = r\cos 2\theta + 1, \ y = r\sin 2\theta$

   (3) $\quad x = uv+u, \ y = uv+v$

   (4) $\quad x = ve^u, \ y = ue^v$

4. 領域 $D = \{(x,y)| \ x^2+y^2 \leqq 16\}$ での 2 重積分 $\iint_D (x^2+x+y^2)dxdy$ の値を極座標変換を用いて求めよ.

5. 領域 $D = \{(x,y)| \ 0 \leqq ye^x \leqq 1, -1 \leqq -x+y \leqq 1\}$ に対し, 2 重積分 $\iint_D (y+1)e^{2x-y}dxdy$ の値を求めよ.

6. 領域 $D = \{(x,y) \mid x^2+y^2+2y-3 \leqq 0\}$ に対し, 2 重積分 $\iint_D (xy+x+1)\,dxdy$ の値を求めよ.

20.3 標準問題

1. 領域 $D = \{(x,y)|\ x^2 - 4x + y^2 \leqq 0\}$ での 2 重積分 $\displaystyle\iint_D (x^2 - 4x + y^2)dxdy$ の値を変数変換を用いて求めよ.

2. 領域 $D = \left\{(x,y)\ \middle|\ \dfrac{x^2}{9} + \dfrac{y^2}{4} \leqq 1\right\}$ での 2 重積分 $\displaystyle\iint_D (x^2 + 2y^2)dxdy$ の値を変数変換を用いて求めよ.　(ヒント: $x = 3r\cos\theta,\ y = 2r\sin\theta$ と変数変換する.)

3. 領域 $D = \{(x,y)|\ x^2 + y^2 \leqq 4,\ 0 \leqq x + y\}$ での 2 重積分 $\displaystyle\iint_D e^{x^2+y^2}dxdy$ の値を変数変換を用いて求めよ.

4. 領域 $D = \{(x,y)|\ x^2 + y^2 \leqq 1,\ -y \leqq \sqrt{3}x \leqq y\}$ での 2 重積分 $\displaystyle\iint_D x^2 y\,dxdy$ の値を変数変換を用いて求めよ.

5. 領域 $D = \{(x,y)|\ 0 \leqq x,\ 0 \leqq y - x^2 \leqq 2,\ 2 \leqq 2x + y \leqq 4\}$ に対し, 2 重積分 $\displaystyle\iint_D (x+1)(2x - x^2 + 2y)dxdy$ の値を求めよ.

6. 領域 $D = \{(x,y)\ |\ 1 \leqq xy \leqq 3,\ x \leqq y \leqq 2x\}$ に対し, 2 重積分 $\displaystyle\iint_D y^2 e^{xy}dxdy$ の値を求めよ.

20.4 発展問題

1. 2 変数関数 $f(x, y) = x^2 - y^2$ と領域 $D = \{(x,y)|\ 1 \leqq xy \leqq 2,\ 0 \leqq -x + y \leqq 2\}$ について次の問いに答えよ.

  (1) 領域 D を図示せよ.

  (2) 領域 $D_1 = D \cap \{(x,y)|\ x < 0\} = \{(x,y)|\ 1 \leqq xy \leqq 2,\ 0 \leqq -x + y \leqq 2,\ x < 0\}$ に対し, 2 重積分 $\displaystyle\iint_{D_1} (x^2 - y^2)dxdy$ の値を求めよ.

  (3) 領域 $D_2 = D \cap \{(x,y)|\ x > 0\} = \{(x,y)|\ 1 \leqq xy \leqq 2,\ 0 \leqq -x + y \leqq 2,\ x > 0\}$ に対し, 2 重積分 $\displaystyle\iint_{D_2} (x^2 - y^2)dxdy$ の値を求めよ. また, 2 重積分 $\displaystyle\iint_{D} (x^2 - y^2)dxdy$ の値を求めよ.

  (4) 領域 D が直線 $y = -x$ に関して対称な 2 つの領域の和集合であることを用いて $\displaystyle\iint_{D} (x^2 - y^2)dxdy = 0$ であることを示せ.

（ヒント: $\begin{pmatrix} x \\ y \end{pmatrix} = \begin{pmatrix} 0 & -1 \\ -1 & 0 \end{pmatrix} \begin{pmatrix} u \\ v \end{pmatrix}$ と変数変換する.）

2. 領域 $D = \left\{(x,y) \middle|\ 0 \leqq y - \dfrac{1}{x} \leqq 2,\ -4 \leqq y + \dfrac{1}{x} \leqq -3\right\}$ での 2 重積分 $\displaystyle\iint_{D} \dfrac{1}{x^2}dxdy$ の値を変数変換を用いて求めよ.

3. 領域 $D = \{(x,y)|\ 2x \leqq x^2 + y^2 \leqq 4\}$ での 2 重積分 $\displaystyle\iint_{D} (x^2 + y^2)dxdy$ の値を変数変換を用いて求めよ.

第21章　2重積分の応用

1. 立体の体積
   有界閉領域 D で積分可能な関数 $f(x,y), g(x,y)$ が常に $f(x,y) \leqq g(x,y)$ とすると, 領域 D で2つの曲面 $z = f(x,y), z = g(x,y)$ で挟まれる立体の体積 V は次の積分で与えられる.

$$V = \iint_D (g(x,y) - f(x,y))\, dxdy$$

2. 曲面の表面積
   関数 $f(x,y)$ が有界閉領域 D で全微分可能であるとき, 曲面 $z = f(x,y)$ の領域 D での表面積 S は, 次の積分で与えられる.

$$S = \iint_D \sqrt{f_x^2 + f_y^2 + 1}\, dxdy$$

3. 広義2重積分
   D を必ずしも有界でない閉領域とする. $D = \bigcup_{i \geqq 1} D_i$ となる任意の有界閉領域の列 $D_1 \subset D_2 \subset \ldots$ に対して,

   $\displaystyle \lim_{i \to \infty} \iint_{D_i} f(x,y)\, dxdy$ が同一の極限値をもつとき, この値を $\displaystyle \iint_D f(x,y)\, dxdy$ と表す.

21.1 例題

1. $\boxed{\text{曲面 } z = x^2 + y^2 - 4 \text{ と平面 } z = 0 \text{ で囲まれた立体の体積を求めよ.}}$

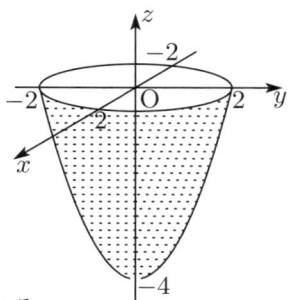

(解) 求める立体は, 底面である領域 $D = \{(x, y)\mid x^2 + y^2 \leqq 4\}$ の下部,
すなわち, z 座標が負の部分にあるので, この領域 D で
曲面 $z = x^2 + y^2 - 4$ と平面 $z = 0$ で挟まれる立体である.
よって, 求める体積は $\displaystyle\iint_D (0 - (x^2 + y^2 - 4))dxdy$ である.
$x = r\cos\theta, y = r\sin\theta$ とおくと, 領域 D に対応する (r, θ) の領域は
$D' = \{(r, \theta)\mid 0 \leqq r \leqq 2,\ 0 \leqq \theta \leqq 2\pi\}$ である.
$J(r, \theta) = r > 0$ であるから

$$\iint_D -(x^2 + y^2 - 4)dxdy = \iint_{D'} (4 - r^2)r\,drd\theta = 2\pi\left[2r^2 - \frac{1}{4}r^4\right]_0^2 = 8\pi \text{ となる.}$$

2. $\boxed{\text{曲面 } z = x^2 + y^2 - 4 \text{ の } z \leqq 0 \text{ の部分の表面積を求めよ.}}$

(解) $D = \{(x, y)\mid x^2 + y^2 \leqq 4\}$ とおくと, 求める表面積は領域 D での曲面 $z = x^2 + y^2 - 4$ の表面積より
$\displaystyle\iint_D \sqrt{(z_x)^2 + (z_y)^2 + 1}\,dxdy = \iint_D \sqrt{4x^2 + 4y^2 + 1}\,dxdy$ である.
$x = r\cos\theta, y = r\sin\theta$ とおくと, D に対応する (r, θ) の領域は $D' = \{(r, \theta)\mid 0 \leqq r \leqq 2,\ 0 \leqq \theta \leqq 2\pi\}$ である. $J(r, \theta) = r > 0$ であるから

$$\iint_D \sqrt{4x^2 + 4y^2 + 1}\,dxdy = \iint_{D'} r\sqrt{4r^2 + 1}\,drd\theta = \int_0^2\left(\int_0^{2\pi} r\sqrt{4r^2 + 1}\,d\theta\right)dr$$

$$= 2\pi\int_0^2 r\sqrt{4r^2 + 1}\,dr = 2\pi\left[\frac{1}{12}(4r^2 + 1)^{\frac{3}{2}}\right]_0^2 = 2\pi\cdot\frac{1}{12}(17\sqrt{17} - 1) = \frac{1}{6}(17\sqrt{17} - 1)\pi \text{ となる.}$$

3. $\boxed{\text{曲面 } z = x^2 + y^2 - 4 \text{ と } z = 0 \text{ で囲まれた立体の表面積を求めよ.}}$

(解) 求める立体の表面積は, 曲面 $z = x^2 + y^2 - 4$ の $z \leqq 0$ の部分の表面積と半径 2 の円の面積の和である.
したがって, 曲面 $z = x^2 + y^2 - 4$ の $z \leqq 0$ の部分の表面積は例題 2 より $\dfrac{1}{6}(17\sqrt{17} - 1)\pi$ であるから, 求める
表面積は $\dfrac{1}{6}(17\sqrt{17} - 1)\pi + 4\pi = \dfrac{1}{6}(17\sqrt{17} + 23)\pi$ である.

4. 次の広義 2 重積分の値を求めよ.

(1) $\boxed{\displaystyle\iint_D \frac{1}{(x^2 + y^2)^2}dxdy,\ D = \{(x, y)\mid 1 \leqq x^2 + y^2\}}$

(解) $x = r\cos\theta,\ y = r\sin\theta$ とおくと, 領域 D に対応する (r, θ) の領域は $D' = \{(r, \theta)\mid 1 \leqq r,\ 0 \leqq \theta \leqq 2\pi\}$
となる. $D'_i = \{(r, \theta)\mid 1 \leqq r \leqq i,\ 0 \leqq \theta \leqq 2\pi\}$ とおくと, $D'_1 \subset D'_2 \subset \cdots$ であり, $\bigcup_{i \geqq 1} D'_i = D'$ である.

$$J(r, \theta) = r \text{ より } \iint_D \frac{1}{(x^2 + y^2)^2}dxdy = \lim_{i\to\infty}\iint_{D'_i} \frac{1}{r^4}\cdot r\,drd\theta = \lim_{i\to\infty}\int_1^i \frac{2\pi}{r^3}dr$$

$$= \lim_{i\to\infty}\left[-\frac{\pi}{r^2}\right]_1^i = \lim_{i\to\infty}\left(-\frac{\pi}{i^2} + \pi\right) = \pi \text{ となる.}$$

(2) $\boxed{\displaystyle\iint_D \frac{1}{(x^2 + y^2)^2}dxdy,\ D = \{(x, y)\mid 0 \leqq x^2 + y^2 \leqq 4\}}$

(解) $x = r\cos\theta,\ y = r\sin\theta$ とおくと, 領域 D に対応する (r, θ) の領域は $D' = \{(r, \theta)\mid 0 \leqq r \leqq 2,\ 0 \leqq \theta \leqq 2\pi\}$ となる. $D'_i = \left\{(r, \theta)\,\middle|\,\frac{1}{i} \leqq r \leqq 2,\ 0 \leqq \theta \leqq 2\pi\right\}$ とおくと, $D'_1 \subset D'_2 \subset \cdots$ であり,

$\bigcup_{i \geqq 1} D'_i = D'$ であるから $J(r, \theta) = r$ より $\displaystyle\iint_D \frac{1}{(x^2 + y^2)^2}dxdy = \lim_{i\to\infty}\iint_{D'_i} \frac{1}{r^4}r\,drd\theta = \lim_{i\to\infty}\int_{\frac{1}{i}}^2 \frac{2\pi}{r^3}dr$

$$= \lim_{i\to\infty}\left[-\frac{\pi}{r^2}\right]_{\frac{1}{i}}^2 = \lim_{i\to\infty}\left(-\frac{\pi}{4} + i^2\pi\right) = \infty \text{ である.}$$

21.2 基本問題

1. 曲面 $z = 4 - \sqrt{x^2 + y^2}$ と平面 $z = 0$ で囲まれた立体の体積を求めよ.

2. 曲面 $z = xy$ の領域 $D = \{(x, y)| \, 1 \leqq x^2 + y^2 \leqq 4\}$ での表面積を求めよ.

3. 上半球面 $x^2 + y^2 + z^2 = 1$, $z \geqq 0$ と $z = 0$ で囲まれた立体の表面積を求めよ.

4. 次の広義2重積分の値を求めよ.

   (1) $\displaystyle\iint_D e^{-\sqrt{x^2+y^2}}dxdy, \ D = \{(x, y)| \, 1 \leqq x^2 + y^2\}$

   (2) $\displaystyle\iint_D \log(x^2 + y^2)dxdy, \ D = \{(x, y)| \, x^2 + y^2 \leqq 1\}$

21.3 標準問題

1. 球 $x^2 + y^2 + (z+1)^2 \leqq 4$ の $z \geqq 0$ の部分の体積を求めよ.

2. $z = x^2 + y^2$ と平面 $z = 4x + 4y$ で囲まれた立体の体積を求めよ.

3. 円柱 $x^2 + y^2 = 1$ と 2 平面 $x + y + z = 0$, $z = 3$ で囲まれた立体の表面積を求めよ.

4. 領域 $D = \{(x, y)|\ 0 \leqq x^2 + y^2 \leqq 1\}$ に対し, 広義 2 重積分 $\displaystyle\iint_D \frac{1}{(1 - x^2 - y^2)^2} dx dy$ の値を調べよ.

21.4 発展問題

1. 曲面 $x^2+y^2-z^2=1$ と平面 $z=0$ および $z=\sqrt{3}$ で囲まれた立体の体積を求めよ.

2. 2つの球 $x^2+y^2+z^2\leqq 4$ と $x^2+y^2+(z-3)^2\leqq 4$ の共通部分の体積を求めよ.

3. 半径 a の球の体積は $\dfrac{4}{3}\pi a^3$, 球面の表面積は $4\pi a^2$ であることを示せ.

4. 円柱 $x^2+y^2=2x$ の内部にある曲面 $z^2=8x$ の表面積を求めよ.

21.5 補充問題

1. 次の広義積分に関する問いに答えよ.

(1) $0 < x$ のとき, $\displaystyle\int_0^\infty e^{-xy}dy = \dfrac{1}{x}$ を示せ.

(2) $\displaystyle\int_0^\infty \dfrac{\sin x}{x}dx = \dfrac{\pi}{2}$ を示せ.

$\left(\text{ヒント}: \displaystyle\int_0^\infty \dfrac{\sin x}{x}dx\right.$

$\left.= \displaystyle\int_0^\infty \sin x \left(\int_0^\infty e^{-xy}dy\right)dx \text{ を用いる.}\right)$

2. 楕円体 $\dfrac{x^2}{a^2} + \dfrac{y^2}{b^2} + \dfrac{z^2}{c^2} \leqq 1$ $(a > 0, b > 0, c > 0)$

の体積は $\dfrac{4}{3}\pi abc$ であることを示せ.

3. 回転楕円体 $\dfrac{x^2}{a^2} + \dfrac{y^2}{a^2} + \dfrac{z^2}{b^2} \leqq 1$ $(b > a > 0)$

の表面積は $2\pi\left(a^2 + \dfrac{ab^2}{\sqrt{b^2-a^2}}\sin^{-1}\dfrac{\sqrt{b^2-a^2}}{b}\right)$

であることを示せ.

略解

第1章 基本事項

1.2 基本問題

1. 90　2. 80　3. $\dfrac{\sqrt{6}+\sqrt{2}}{4}$　4. $\dfrac{7}{9}$　5. $\sqrt{2}-1$　6. $-\dfrac{\sqrt{6}}{2}$　7. $\dfrac{\sqrt{3}+1}{4}$

8. $\sin^{-1}\dfrac{\sqrt{3}}{2}=\dfrac{1}{3}\pi,\cos^{-1}\dfrac{1}{\sqrt{2}}=\dfrac{1}{4}\pi$　9. $\log_3 y=4x$　10. $y=5^{2x\log_5 3}$

11. $\dfrac{2}{3x+1}-\dfrac{1}{2x-1}$　12. $\dfrac{3}{2x+3}-\dfrac{2}{x+2}$

1.3 標準問題

1. 81648　2. 150　4. $\dfrac{1}{6}\pi\leqq x\leqq\dfrac{5}{6}\pi$　5. $\dfrac{\sqrt{2-\sqrt{2+\sqrt{2}}}}{2}$　6. $x=0,\dfrac{\pi}{2},\dfrac{2}{3}\pi,\pi$

8. $\dfrac{1}{x+1}+\dfrac{2}{x-2}-\dfrac{3}{(x-2)^2}$　9. $\dfrac{3}{x+1}-\dfrac{2}{x-2}-\dfrac{1}{(x-2)^2}$

1.4 発展問題

2. 100　5. $\dfrac{1}{9}\left(\dfrac{1}{x+1}-\dfrac{x-1}{x^2+2}-\dfrac{3(x-1)}{(x^2+2)^2}\right)$

1.5 補充問題

1. (1) $0\leqq t\leqq 2$　(2) $y=t^2-t+1$　(3) 最大値 3 $\left(t=2,x=\dfrac{1}{4}\right)$　最小値 $\dfrac{3}{4}$ $\left(t=\dfrac{1}{2},x=\dfrac{1}{\sqrt{2}}\right)$

2. $\sin\theta=\dfrac{1}{\sqrt{5}},\cos\theta=\dfrac{2}{\sqrt{5}},\tan\theta=\dfrac{1}{2}$

第2章 数列と極限

2.2 基本問題

1. $7-3n,-14450$　2. $-3(-2)^{n-1},2^{100}-1$　3. $-\infty$　4. ∞　5. 0　6. 0　7. -1　8. $\dfrac{1}{2}$　9. e^6　10. 0

2.3 標準問題

1. $a_n=\dfrac{3n^2-5n+10}{2}$　2. $a_n=3^{n-1}+3$　3. $\dfrac{\sqrt{3}}{3}$　4. 1　5. $\dfrac{21291}{9990}$

2.4 発展問題

3. $\dfrac{-\sqrt{5}-1}{2}\leqq x\leqq\dfrac{\sqrt{5}-1}{2}$

2.5 補充問題

1. 4　2. $(n+1)p$ が整数でないとき $k>(n+1)p-1$ となる最小の k, $(n+1)p$ が 2 以上の整数のとき $k=(n+1)p-1$ と $k=(n+1)p$, $(n+1)p=1$ のとき $k=1$.　3. (1) 1　(2) np

第3章 関数と極限

3.2 基本問題

1. (1) 関数である　(2) 関数でない　2. $x=\dfrac{\pi}{2}+n\pi$ (n は整数)　3. 0　4. $\dfrac{2}{3}$ 5. 0　6. 1　7. 0

8. (1) 連続　(2) $x=n\pi$ ($n\neq 0$) で連続でない　9. $y=\dfrac{x}{3}+\dfrac{2}{3}$

3.3 標準問題

1. (1) $y=x^2$ ($x\geqq 0$)　　　　　　　　　　(2) $y=x^2$

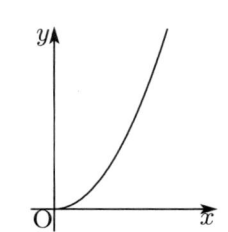
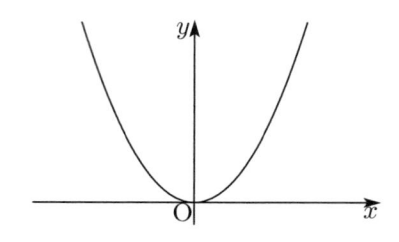

2. $x \leqq 0, x = \dfrac{n}{2}\pi$ (n は自然数)　　3. 1　　4. $\dfrac{3}{2}$　　5. 2

6. -1　　7. e^4　　8. 1　　9. $y = \dfrac{1}{2}\log x$　　10. $y = -1 - \dfrac{5}{x-2}$ $(x \neq 2)$

3.4　発展問題

1. $a < 0$ で極限無し, $0 \leqq a < 1$ で $-\infty$, $a = 1$ で $\dfrac{b}{2}$, $a > 1$ で ∞　　2. 2　　3. 1　　4. $\dfrac{1}{2}$　　5. e

6. (1) 連続　　(2) $x = 0$ で不連続　　7. $y = \log\left(x + \sqrt{x^2 + 1}\right)$　　8. $y = \log\left(x \pm \sqrt{x^2 - 1}\right)$

第 4 章　微分法の導入

4.2　基本問題

1. 11　　2. 10　　3. $y' = 3x^2$　　4.(1) $y' = 15x^2 + 8x + 2$　　(2) $y' = 2\cos x + \dfrac{5}{\cos^2 x}$　　(3) $y' = a^x \log a + 6x$

(4) $y' = \dfrac{1}{x} - \sin x$　　(5) $y' = -\dfrac{5}{(4x+1)^2}$　　(6) $y' = -\sin x \cdot \log x + \dfrac{\cos x}{x}$　　(7) $y' = \dfrac{\cos x - \log a \cdot \sin x}{a^x}$

4.3　標準問題

2. $y' = -\dfrac{1}{x^2}$　　3. $y' = \dfrac{1}{\sqrt{2x}}$

4. (1) $\dfrac{2e^x \sin x}{(\sin x + \cos x)^2}$　　(2) $\dfrac{-6x^3 - 6x^2 - 2x + 3}{(x^3 + x^2 + 1)^2}$　　(3) $\dfrac{\sin x \cos x - x \log x}{x \sin^2 x}$　　(4) $\dfrac{4}{(e^x + e^{-x})^2}$

4.4　発展問題

4. $2f'(x)$

4.5　補充問題

1. $f'(a)$

第 5 章　微分法の公式

5.2　基本問題

1. (1) $y' = 3(x^3 + 4x^2 + 2)^2 \cdot (3x^2 + 8x)$　　(2) $y' = \dfrac{4}{\cos^2 4x}$　　(3) $y' = \cos\sqrt{x^2 + 2x} \cdot \dfrac{x+1}{\sqrt{x^2 + 2x}}$

(4) $y' = e^{\sin x} \cdot \cos x$　　(5) $y' = \dfrac{1}{2}\left(\dfrac{5}{5x+3} - \dfrac{6x+2}{3x^2 + 2x + 4}\right)\sqrt{\dfrac{5x+3}{3x^2 + 2x + 4}}$

(6) $y' = (\cos x)^{\sin x}\left(\cos x \log \cos x - \dfrac{\sin^2 x}{\cos x}\right)$　　(7) $y' = -\dfrac{2}{\sqrt{1 - 4x^2}}$　　(8) $y' = \dfrac{3}{1 + (3x+2)^2}$

2. (1) $\dfrac{dy}{dx} = \dfrac{1}{3(\sqrt[3]{x})^2}$　　(2) $\dfrac{dy}{dx} = \dfrac{1}{x}$

5.3　標準問題

1. (1) $y' = -9\sin 3x \cos^2 3x$　　(2) $y' = (\tan x)^{\cos e^x}\left(-e^x \sin e^x \log(\tan x) + \dfrac{\cos e^x}{\sin x \cos x}\right)$

(3) $y' = -\dfrac{\sin \tan x}{(\cos \tan x)^2 + 1} \cdot \dfrac{1}{\cos^2 x}$　　(4) $y' = -\dfrac{1}{x \log a \cos \log_a x \sqrt{(\cos \log_a x)^2 - (\sin \log_a x)^2}}$

2. $y' = e^{3x}(3\sin 2x + 2\cos 2x)$, $y''(x) = e^{3x}(5\sin 2x + 12\cos 2x)$, $y^{(3)} = e^{3x}(-9\sin 2x + 46\cos 2x)$,

$y^{(4)} = e^{3x}(-119\sin 2x + 120\cos 2x)$　　3. $(\sinh^{-1} x)' = \dfrac{1}{\sqrt{x^2 + 1}}$, $(\cosh^{-1} x)' = \dfrac{1}{\sqrt{x^2 - 1}}$

5.5　補充問題

1. (1) $H_{2n}(x) = (2n)!\displaystyle\sum_{k=0}^{n} \dfrac{(-1)^k (2x)^{2n-2k}}{k!(2n-2k)!}$,　　$H_{2n+1}(x) = (2n+1)!\displaystyle\sum_{k=0}^{n} \dfrac{(-1)^k (2x)^{2n+1-2k}}{k!(2n+1-2k)!}$

2. (1) $P_{2n}(x) = \dfrac{1}{2^{2n}}\displaystyle\sum_{k=0}^{n} \dfrac{(-1)^k (4n-2k)!}{k!(2n-k)!(2n-2k)!} x^{2n-2k}$,

$P_{2n+1}(x) = \dfrac{1}{2^{2n+1}}\displaystyle\sum_{k=0}^{n} \dfrac{(-1)^k (4n+2-2k)!}{k!(2n+1-k)!(2n+1-2k)!} x^{2n+1-2k}$

第 6 章　平均値の定理とロピタルの公式

6.2　基本問題

1. (1) 2　　(2) 0　　(3) $-\dfrac{1}{2}$　　(4) 0　　(5) $-\dfrac{1}{2}$　　(6) -1　　(7) $\dfrac{2}{3}$　　(8) -2

6.3　標準問題

1. (1) $\dfrac{1}{2}, 2$　　(2) 0, 極限なし　　2. (1) $\dfrac{1}{6}$　　(2) 0　　(3) 0　　(4) 1　　(5) e^2

6.5 補充問題

2. $\sqrt{a}$

第7章 テイラーの定理と展開
7.2 基本問題

1. $a = 13,\ b = 24,\ c = 18, d = 7$ 2. (1) $y = 1 - \dfrac{x^2}{2!} + \dfrac{\cos\theta x}{4!}x^4\ (0 < \theta < 1)$

(2) $y = x + \dfrac{x^3}{3} + \dfrac{\sin\theta x(2 + \sin^2\theta x)}{3\cos^5\theta x}x^4\ (0 < \theta < 1)$ (3) $y = x - \dfrac{x^2}{2} + \dfrac{x^3}{3} - \dfrac{x^4}{4(\theta x + 1)^4}\ (0 < \theta < 1)$

3. (1) $y = 3x - \dfrac{(3x)^3}{3!} + \dfrac{(3x)^5}{5!} - \cdots + \dfrac{(-1)^n(3x)^{2n+1}}{(2n+1)!} + \cdots$

(2) $y = \sqrt{2}\left(1 + \dfrac{x}{2^2} + \dfrac{\frac{1}{2}(\frac{1}{2}-1)}{2!}\left(\dfrac{x}{2}\right)^2 + \cdots + \dfrac{\frac{1}{2}(\frac{1}{2}-1)\cdots(\frac{1}{2}-n+1)}{n!}\left(\dfrac{x}{2}\right)^n + \cdots\right)$

(3) $y = \dfrac{1}{2} + \dfrac{x}{2^2} + \cdots + \dfrac{x^n}{2^{n+1}} + \cdots$ 4. (1) 1 (2) 1

7.3 標準問題

1. $4950(x+1)^2 - 100(x+1) + 1$ 2. (1) $y = 1 + 2x - \dfrac{1}{3!}(2x)^3 + \dfrac{\sin 2\theta x}{4!}(2x)^4\ (0 < \theta < 1)$

(2) $y = 1 + x - \dfrac{1}{2}x^2 + \dfrac{1}{2}x^3 - \dfrac{5}{8}(1 + 2\theta x)^{-\frac{7}{2}}x^4\ (0 < \theta < 1)$

3. (1) $y = 2\left(1 + \dfrac{(2x)^2}{2!} + \dfrac{(2x)^4}{4!} + \cdots + \dfrac{(2x)^{2n}}{(2n)!} + \cdots\right)$

(2) $y = 1 + \log a \cdot x + \dfrac{(\log a)^2}{2!}x^2 + \cdots + \dfrac{(\log a)^n}{n!}x^n + \cdots$

(3) $y = 1 + \dfrac{1}{4}x - \dfrac{1}{2!} \cdot \dfrac{1\cdot 3}{4^2}x^2 + \cdots + \dfrac{(-1)^{n+1}}{n!} \cdot \dfrac{1\cdot 3\cdot 7\cdots(4n-5)}{4^n}x^n + \cdots$

(4) $y = x - \dfrac{1}{3}x^3 + \dfrac{1}{5}x^5 - \cdots + \dfrac{(-1)^n}{2n+1}x^{2n+1} + \cdots$

4. (1) $e^{x^2} = 1 + x^2 + \dfrac{x^4}{2!} + \cdots + \dfrac{x^{2n}}{n!} + \cdots$

(2) $\cos 2x^2 = 1 - \dfrac{(2x^2)^2}{2!} + \dfrac{(2x^2)^4}{4!} - \dfrac{(2x^2)^6}{6!} + \cdots + \dfrac{(-1)^n(2x^2)^{2n}}{(2n)!} + \cdots$ 5.(1) -2 (2) 1 6. 3.87

7.4 発展問題

3. $2.08 \pm 1.6 \times 10^{-5}$ 4. $y = x + \dfrac{1\cdot x^3}{2\cdot 3} + \dfrac{1\cdot 3\cdot x^5}{2\cdot 4\cdot 5} + \dfrac{1\cdot 3\cdot 5\cdot x^7}{2\cdot 4\cdot 6\cdot 7} + \cdots + \dfrac{1\cdot 3\cdot 5\cdot\ \cdots\ \cdot(2n-1)x^{2n+1}}{2\cdot 4\cdot 6\cdot\ \cdots\ \cdot(2n)(2n+1)} + \cdots$

7.5 補充問題

1. $\pi = 3.14$ 2. (1) $-\dfrac{1}{2} < x < \dfrac{1}{2}$

第8章 関数のグラフと凹凸
8.2 基本問題

1. 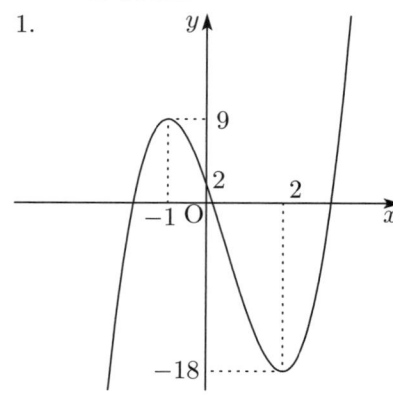 2. 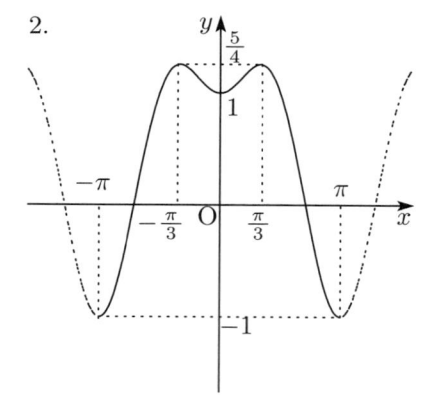 3.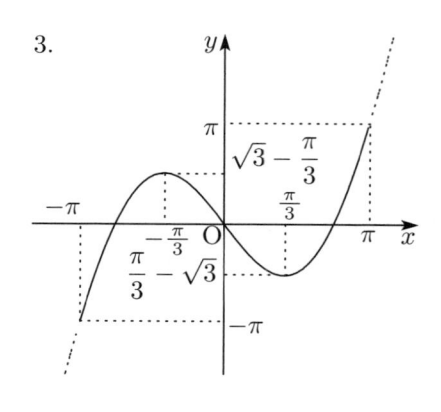

4. 最大値 $\sqrt{2}\ \left(x = \dfrac{1}{4}\pi, \dfrac{3}{4}\pi\right)$ 最小値 $0\ (x = 0, \pi)$

8.3 標準問題

1.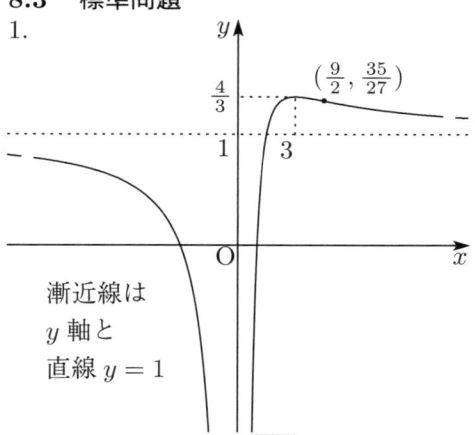

2.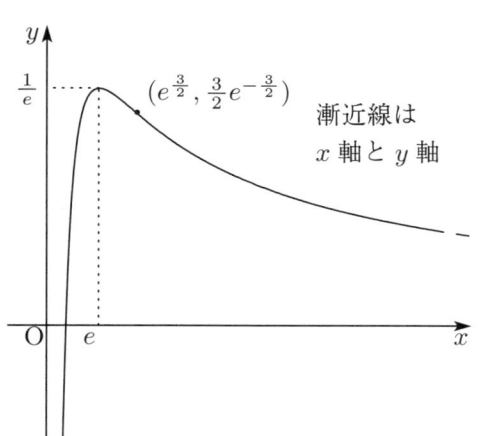

漸近線は
x 軸と y 軸

3. 底の円の半径が $\sqrt{\dfrac{S}{6\pi}}$ のとき $V = \dfrac{S}{3}\sqrt{\dfrac{S}{6\pi}}$

4. 最大値 $\dfrac{6\sqrt{2}-3}{7}$ 最小値 $-\dfrac{6\sqrt{2}+3}{7}$

8.4 発展問題

2. (2) $\pi^{\alpha} > \pi^{\beta} > e^{\alpha} > e^{\beta}$

第9章 不定積分とその公式

9.2 基本問題

1. (1) $\dfrac{1}{2}x^4 + 2x^2 + 3x + C$ (2) $-\dfrac{1}{8}(3-2x)^4 + C$ (3) $\dfrac{3}{2}(x+1)^{\frac{2}{3}} + C$ (4) $-\dfrac{1}{6(3x+2)^2} + C$

(5) $\dfrac{1}{2}\sin 2x - \dfrac{1}{4}\log|\cos 4x| + C$ (6) $\tan x - x + C$ (7) $\dfrac{a^x}{\log a} + \dfrac{b^{2x}}{2\log b} + C$ (8) $\dfrac{1}{2}\tan^{-1}\dfrac{x}{2} + C$

(9) $\dfrac{1}{2}e^{x^2} + C$ (10) $\dfrac{x^2}{2}\log x - \dfrac{x^2}{4} + C$

9.3 標準問題

1. (1) $\dfrac{1}{2}x^2 e^{2x} - \dfrac{1}{2}xe^{2x} + \dfrac{1}{4}e^{2x} + C$ (2) $\dfrac{1}{2}e^x(\sin x + \cos x) + C$ (3) $\dfrac{1}{12}(x^3 + 3x^2 + 4)^4 + C$

(4) $\dfrac{1}{2}\left(x\sqrt{4-x^2} - 4\cos^{-1}\dfrac{x}{2}\right) + C$ (5) $\dfrac{4}{5}(3-x)^{\frac{5}{2}} - 6(3-x)^{\frac{3}{2}} + C$ (6) $x\sin^{-1}x + \sqrt{1-x^2} + C$

(7) $\log 2x + \dfrac{1}{2}(\log 2x)^2 + C$ (8) $\dfrac{x^2}{2}(\log x)^2 - \dfrac{x^2}{2}\log x + \dfrac{x^2}{4} + C$ (9) $x\log x - x + C$ (10) $\dfrac{1}{3}\log|x^3 + 3x^2 + 4| + C$

9.4 発展問題

3. $\dfrac{x^2}{2}\displaystyle\sum_{k=0}^{n}\dfrac{n!}{(n-k)!}\left(\dfrac{-1}{2}\right)^k(\log x)^{n-k} + C$

4. $I_n = \dfrac{n-1}{n}I_{n-2} - \dfrac{1}{n}\sin^{n-1}x\cos x$ $(n \geqq 3)$, $I_1 = -\cos x + C_1$, $I_2 = \dfrac{x}{2} - \dfrac{1}{4}\sin 2x + C_2$

9.5 補充問題

1. $I_{n+1} = \dfrac{2}{n(4b-a^2)}\left\{\dfrac{x+\frac{a}{2}}{(x^2+ax+b)^n} + (2n-1)I_n\right\}$

2. (1) $\dfrac{1}{2}\left(x\sqrt{a^2-x^2} + a^2\sin^{-1}\dfrac{x}{a}\right)$ (2) $\dfrac{1}{2}\left(x\sqrt{a^2-x^2} - a^2\cos^{-1}\dfrac{x}{a}\right)$

第10章 有理関数の積分

10.2 基本問題

1. (1) $\dfrac{2}{3}\log|3x+1| - \dfrac{1}{2}\log|2x-1| + C$ (2) $\dfrac{3}{2}\log|2x+3| - 2\log|x+2|$ (3) $\log\left|\dfrac{2\cos x-1}{\cos x-1}\right| + C$

(4) $\dfrac{1}{2}\log\left(\dfrac{2-\sin x}{1-\sin x}\right) + C$ (5) $\tan^{-1}e^x + C$ (6) $\dfrac{1}{4}\log\left|\dfrac{e^x-5}{e^x-1}\right| + C$

10.3 標準問題

1. (1) $\log|x+1| + 2\log|x-2| + \dfrac{3}{x-2} + C$ (2) $3\log|x+1| - 2\log|x-2| + \dfrac{1}{x-2} + C$

(3) $-\dfrac{1}{4}\log\left|\dfrac{\tan\frac{x}{2}-1}{\tan\frac{x}{2}+1}\right| - \dfrac{1}{2}\dfrac{1}{\tan\frac{x}{2}+1} - \dfrac{1}{2}\dfrac{1}{(\tan\frac{x}{2}+1)^2} + C$ (4) $\dfrac{1}{2}\log(2e^x+1) + \log(e^x+2) + C$

10.4　発展問題

1. $\dfrac{1}{9}\left\{\log|x+1| - \dfrac{1}{2}\log|x^2+2| + \dfrac{3}{2}\cdot\dfrac{1}{x^2+2}\right\} + \dfrac{1}{12}\dfrac{x}{x^2+2} + \dfrac{7}{36\sqrt{2}}\tan^{-1}\dfrac{x}{\sqrt{2}} + C$

第 11 章　無理関数の積分

11.2　基本問題

1. (1) $\log\left|(x+2) + \sqrt{x^2+4x+5}\right| + C$　　(2) $\log\left|\sqrt{x^2+2x} + x + 1\right| + C$

(3) $\dfrac{1}{4}(2x+1)\sqrt{4x^2+4x+5} + \log\left((2x+1) + \sqrt{4x^2+4x+5}\right) + C$　　(4) $\dfrac{2}{3}(3+x)^{\frac{3}{2}} - 6(3+x)^{\frac{1}{2}} + C$

11.3　標準問題

1. (1) $\dfrac{12}{11}x^{\frac{11}{6}} + 2x^{\frac{3}{2}} + C$

(2) $\dfrac{3}{2}\left\{\log\left|\dfrac{\sqrt{\frac{x}{x+1}}-1}{\sqrt{\frac{x}{x+1}}+1}\right| - \dfrac{1}{\sqrt{\frac{x}{x+1}}-1} - \dfrac{1}{\sqrt{\frac{x}{x+1}}+1}\right\} + C = 3\left\{\log(\sqrt{x+1}-\sqrt{x}) + \sqrt{x(x+1)}\right\} + C$

11.4　発展問題

1. (1) $\dfrac{1}{\sqrt{3}}\log\left|\dfrac{x+\sqrt{x^2-2x+3}-\sqrt{3}}{x+\sqrt{x^2-2x+3}+\sqrt{3}}\right| + C$　　(2) $-\sqrt{2}\tan^{-1}\sqrt{\dfrac{2-x}{2(x-1)}} + C$

(3) $\dfrac{1}{2}\left(x\sqrt{x^2+1} + \log\left|x+\sqrt{x^2+1}\right| - x^2\right) + C$　　(4) $2\log\left|\dfrac{\sqrt{4-x^2}-(x-2)}{\sqrt{4-x^2}+(x-2)}\right| + \sqrt{4-x^2} + C$

(5) $\tan^{-1}\left(x+\sqrt{x^2-1}\right) + \dfrac{1}{2}\log\left(1 + \dfrac{1}{(x+\sqrt{x^2-1})^2}\right) + C$　　(6) $\dfrac{1}{10}(3x^{\frac{4}{3}}+2)^{\frac{5}{2}} + C$

第 12 章　定積分と微分積分学の基本定理

12.2　基本問題

1. $2\log 2 - 1$　　2. 0　　3. (1) -4　　(2) 0　　(3) $\dfrac{56}{15}\sqrt{2}$　　(4) $\dfrac{3}{2}$　　(5) $14\log 2 - 3$　　(6) π　　(7) 4

12.3　標準問題

3. $\dfrac{1}{3}$　　4. $\dfrac{1}{2\sqrt{x}}f(\sqrt{x})$

12.4　発展問題

2. (1) 奇　偶　　(2) 奇　どちらでもない　偶　　(3) 偶　奇　偶　　(4) 奇　偶　　4. (1) $\dfrac{122}{15}$　　(2) π　　(3) $2\left(e^2 - \dfrac{1}{e^2}\right)$

12.5　補充問題

1. (1) $m \neq n$ のときすべて 0, $m = n$ のとき各々 $\pi, 0, -\pi$

第 13 章　広義積分

13.2　基本問題

1. 6　　2. $2\sqrt{3}$　　3. π　　4. $\dfrac{1}{6}$　　5. $\dfrac{1}{6}$　　6. $\dfrac{\pi}{3}$　　7. π　　8. $+\infty$(広義積分は存在しない)

13.3　標準問題

1. (1) $-\infty$　　(2) -1　　(3) $\dfrac{1}{2}$　　(4) 2　　(5) $+\infty$(分母が 0 となる点に注意)　　(6) 存在しない (不定)
2. それぞれ $r < 1$ と $r > 1$
3. 1, 両者の被積分関数は逆関数の関係にあり, $y = x$ に関し対称で, 同じ図形の面積となっている.

13.5　補充問題

3. $\mathcal{L}(y) = \dfrac{1}{2}\left(-\dfrac{4}{s-1} + \dfrac{1}{s-2} + \dfrac{3s+2}{s^2}\right)$　　4. $y(x) = -2e^x + \dfrac{1}{2}e^{2x} + x + \dfrac{3}{2}$

第 14 章　面積と体積

14.2　基本問題

1. 4　　2. πab　　3. π^2　　4. $\dfrac{3}{10}\pi$　　5. $\dfrac{2\sqrt{5}+\log(\sqrt{5}+2)}{4}$　　6. $\dfrac{9\sqrt{5}}{2} + \dfrac{3\sqrt{37}}{2} + \dfrac{1}{4}\log\left(\dfrac{\sqrt{37}+6}{\sqrt{5}-2}\right)$

14.3　標準問題

1. 3π　　2. $\dfrac{3}{2}\pi$　　3. 8　　4. 24　　5. $8\sqrt{2}\pi$

14.5　補充問題

1. $\dfrac{131}{4}$　　2. $\dfrac{20}{3}$　　3. $\dfrac{9}{4}\sqrt{3}$　　4. $24\sin^{-1}\dfrac{2}{\sqrt{13}}$ ($12\pi - 24\sin^{-1}\dfrac{3}{\sqrt{13}}$ と等しい)　　5. $2a^2$　　6. 8

7. (1) 1　　(2) $\dfrac{3}{8}\pi$　　(3) $\dfrac{2}{3}$　　(4) $\dfrac{20\sqrt{2}-26}{15}\pi$

第15章 2変数関数とその極限

15.2 基本問題

1. 2 2. $\dfrac{\sqrt{2}}{4}$ 3. $-\log 2$ 4. e 5. $\dfrac{\log 3}{3}$ 6. 1 7. e^2 8. 0

9. 直線 $y = x$ の上の点で, $(1,1)$ および $(-1,-1)$ 以外で不連続となる. その他の平面上の点では連続となる.

10. すべての点で連続である.

15.3 標準問題

1. 0 2. 逐次極限は共に 0, 極限は存在しない. 3. 逐次極限は共に 0, 極限は存在しない.

4. 極限は存在しない. 5. 1 6. 1 7. $a \ne 0$ である点 $(a,0)$ で不連続, 他の平面上の点で連続となる.

15.4 発展問題

1. 逐次極限は共に 0, 極限は存在しない. 2. 0 3. 略

4. (1) 1 (2) 1 (3) e 5. $\alpha = 1$ のとき連続関数, $\alpha \ne 1$ のとき原点以外で連続となる.

15.5 補充問題

1. 略 2. 略 3. 略 4. $f(x,y) = 1, f_1(x,y) = x, f_2(x,y) = \dfrac{1}{x}, (a,b) = (0,0)$

5. $\alpha^2 < 4$ のときすべての点で連続, $\alpha^2 \geqq 4$ のとき $x^2 + y^2 + \alpha xy = 0$ となる点で不連続, 他の点で連続

第16章 偏微分と全微分

16.2 基本問題

1. (1) $f_x(x,y) = \sin y, f_x(x,y) = x \cos y$ (2) $f_x(x,y) = 2x - y, f_y(x,y) = -x + 2y$

(3) $f_x(x,y) = y e^{xy}, f_y(x,y) = x e^{xy}$ 2. $f_x(x,y) = 2xy^3, f_x(x,y) = 3x^2 y^2$ $f_x(1,2) = 16, f_y(1,2) = 12$

3. $dz = 2x \sin y dx + x^2 \cos y dy$ 4. 接平面 $z = 2x + 4y - 3$ 接線 $z = 2x + 1, y = 1$

5. $z'(t) = z_x x'(t) + z_y y'(t) = e^{-t}(\cos t - \sin t)$

6. $g_x(x,y) = g'(t)t_x(x,y) = 2x e^{x^2+y^2}, g_y(x,y) = g'(t)t_y(x,y) = 2y e^{x^2+y^2}$

7. $z_s(s,t) = z_x x_s + z_y y_s = e^{s^2+t^2}(t + 2s^2 t)$ $z_t(s,t) = z_x x_t + z_y y_t = e^{s^2+t^2}(s + 2st^2)$

16.3 標準問題

1. $f_x(x,y) = \cos x + y \cos xy, f_y(x,y) = x \cos xy + \cos y$ 2. $dz = (2x + y)e^{x^2+xy-y^2}dx + (x - 2y)e^{x^2+xy-y^2}dy$

3. 接平面 $z = -x + 1$ 接線 $x = 0, z = 1$ 4. $z'(t) = z_x x'(t) + z_y y'(t) = 2 \cos 2t \cos 3t - 3 \sin 2t \sin 3t$

5. $g_x(x,y) = g'(t)t_x(x,y) = -2(e^{-2x} + e^{2y-x})$, $g_y(x,y) = g'(t)t_y(x,y) = 4(e^{-x+2y} + e^{4y})$

6. $z_s(s,t) = z_x x_s + z_y y_s = \dfrac{-1}{st}\left(\dfrac{\cos(s+t)}{s} + \sin(s+t)\right), z_t(s,t) = z_x x_t + z_y y_t = \dfrac{-1}{st}\left(\dfrac{\cos(s+t)}{t} + \sin(s+t)\right)$

16.4 発展問題

1. (1) $f_x(x,y) = \dfrac{-y}{x^2 + y^2}$ $f_y(x,y) = \dfrac{x}{x^2 + y^2}$ (2) $f_x(x,y) = \dfrac{-x^2 + y^2}{(x^2 + y^2)^2}$ $f_y(x,y) = \dfrac{-2xy}{(x^2 + y^2)^2}$

2. $g'(x) = -\dfrac{f_x(x, g(x))}{f_y(x, g(x))}$ 3. $g'(0) = a f_x(p,q) + b f_y(p,q)$

4. $z_r(r,\theta) = f_x(x,y) \cos \theta + f_y(x,y) \sin \theta$, $z_\theta(r,\theta) = -r f_x(x,y) \sin \theta + r f_y(x,y) \cos \theta$

16.5 補充問題

1. $t = -1$ で極大値 $g(-1) = \dfrac{1}{2} - \dfrac{1}{2e}$, $t = 0$ で極小値 $g(0) = 0$ をとる.

2. $\tan \theta = \dfrac{f_y(a,b)}{f_x(a,b)}$ 最大値 $\sqrt{f_x(a,b)^2 + f_y(a,b)^2}$

第17章 テイラー展開とマクローリン展開

17.2 基本問題

1. $f(x,y) = \dfrac{1}{2} - \dfrac{1}{4}(x + 2y - 1) + \dfrac{1}{8}(x + 2y - 1)^2 - \dfrac{1}{6(2 + \theta(x + 2y - 1))^4}(x + 2y - 1)^3,$

$f(x,y) = \sum_{n=0}^{\infty} \dfrac{(-1)^n}{2^{n+1}}(x + 2y - 1)^n$

2. $f(x,y) = \log 3 + \dfrac{1}{3}((x - 1) + (y - 2)) - \dfrac{1}{18}((x - 1) + (y - 2))^2 + \dfrac{9}{(3 + \theta((x - 1) + (y - 2)))^3}((x - 1) + (y - 2))^3$

$f(x,y) = \log 3 + \sum_{n=1}^{\infty} \dfrac{(-1)^{n-1}}{3^n n}((x - 1) + (y - 2))^n$

3. $\sin(x + y) = (x + y) - \dfrac{1}{3!}(x + y)^3 + \cdots + \dfrac{(-1)^{n-1}}{(2n - 1)!}(x + y)^{2n-1} + \cdots$

4. $f(x,y) = (x + y) + \dfrac{1}{2}(y + x)(y - x) + \cdots + \dfrac{(-1)^{n-2}}{n(n-1)}(x + y)^{n-1}((1 - n)x + y) + \cdots$

5. $x + 5y \neq 0$ のとき $\dfrac{dy}{dx} = -\dfrac{x+y}{x+5y} = 0$, $x + 5y = 0$ のとき, すなわち $(x,y) = \left(\pm \dfrac{\sqrt{5}}{2}, \mp \dfrac{\sqrt{5}}{10} \right)$ (複号同順) のと

きは $\dfrac{dy}{dx}$ は存在しない.

6. $\dfrac{dy}{dx} = -\dfrac{f_x(x,y)}{f_y(x,y)} = \dfrac{x^2 - y}{y^2 + x}$, $(x,y) = \left(-\sqrt[3]{4}, \sqrt[3]{2} \right)$ のとき接線は y 軸に平行, 原点は特異点である (実際は 2 つの曲線が原点で交わっている).

17.3 標準問題

1. $f(x,y) = \dfrac{1}{4} - \dfrac{1}{2}\left(\dfrac{x+y-1}{2} \right) - \dfrac{3}{4}\left(\dfrac{x+y-1}{2} \right)^2 + \left(\dfrac{x+y-1}{2} \right)^3 - \dfrac{5}{4} \dfrac{1}{\left(1 + \theta \left(\frac{x+y-1}{2} + 1 \right) \right)^6} \left(\dfrac{x+y-1}{2} \right)^4$,

$f(x,y) = \sum\limits_{n=0}^{\infty} \dfrac{(-1)^{n+1}(n)}{4}\left(\dfrac{x+y-1}{2} \right)^n$

2. $f(x,y) = \dfrac{1}{2} - \dfrac{1}{4}(x^2 + y - 1) + \dfrac{1}{8}(x^2 + y - 1)^2 - \dfrac{1}{16}(x^2 + y - 1)^3 + \dfrac{1}{32} \dfrac{1}{\left(1 + \theta \left(\frac{x^2+y-1}{2} + 1 \right) \right)^4}(x^2 + y - 1)^4$,

$f(x,y) = \sum\limits_{n=0}^{\infty} \dfrac{(-1)^n}{2^{n-1}}(x^2 + y - 1)^n$

3. $f(x,y) = e^{x+y}\sin(x+y) = (x+y) + (x+y)^2 + \dfrac{1}{3}(x+y)^3 - \dfrac{1}{30}(x+y)^5 - \dfrac{1}{90}(x+y)^6 + \dfrac{\sqrt{2}\sin(\theta(x+y) - \frac{\pi}{4})}{630}(x+y)^7$

4. (1) $f(x,y) = \sum\limits_{i=0}^{\infty}(-1)^i x(x+y)^i$ (2) $i \neq n$ のとき $\dfrac{\partial^n}{\partial x^{n-i} \partial y^i}f(0,0) = \dfrac{(-1)^n {}_{n-1}\mathrm{C}_i\, n!}{{}_n\mathrm{C}_i} = (-1)^n(n-i)\cdot(n-1)!$,

$i = n$ のときは $\dfrac{\partial^n}{\partial y^n}f(0,0) = 0$

5. (1) $f_x(x,y) = f_y(x,y) = 0$ を満たす点は $f(x,y) = 0$ 上にないので, すべての点で陰関数が存在する.

(2) $2x + 3y^2 \neq 0$ のとき $\dfrac{dx}{dy} = -\dfrac{f_y(x,y)}{f_x(x,y)} = \dfrac{2(x-y)}{-2x+3y^2}$, $x - y \neq 0$ のとき $\dfrac{dx}{dy} = -\dfrac{f_y(x,y)}{f_x(x,y)} = \dfrac{-2x+3y^2}{2(x-y)}$

17.4 発展問題

1. $f(x,y) = (x+y)^2 - \dfrac{1}{2}(x+y)^3 + \dfrac{1}{6}(x+y)^4 - \dfrac{1}{6}(x+y)^5 + \dfrac{11}{72}(x+y)^6 + \dots$, $\quad \dfrac{\partial^5}{\partial x^2 \partial y^3}f(0,0) = -20$

2. (1) $f(x,y) = 1 + (2x+y) + \dots + \dfrac{1}{n!}((n+1)x + y)(x+y)^{n-1} + \dots$ (2) $i = 0$ のとき $n+1$, $0 < i < n$ のとき

$\dfrac{{}_{n-1}\mathrm{C}_i\,(n+1) + {}_{n-1}\mathrm{C}_{i-1}}{{}_n\mathrm{C}_i} = n - i + 1$, $i = n$ のとき 1

3. $x \neq y$ のとき $\dfrac{dy}{dx} = -\dfrac{f_x(x,y)}{f_y(x,y)} = \dfrac{2y - 4x - 4x^3 + 6x^5}{2(y-x)}$ を傾きとする接線をもつ. $x = y$ のとき, 原点以外の点では y 軸に平行な接線をもち, 原点では $f(x,y) = 0$ の特異点 (2 つの曲線 $y = x \pm \sqrt{x^2 - 2x^2 - x^4 + x^6}$ の交点) となっている.

17.5 補充問題

1. (1) 共通接線より方向ベクトルが比例するので, $(f_x(x,y,a), -f_y(x,ya)) = k\left(\dfrac{dx}{da}, \dfrac{dy}{da} \right)$ より求める式がでる.

(2) $0 = \dfrac{\partial f}{\partial a}$, $f_x(x,y)\dfrac{dx}{da} + f_y(x,y)\dfrac{dy}{da} = 0$ より求める. (3) $y = \pm 1$ が $(x-a)^2 + y^2 - 1 = 0$ に接している.

(4) $x^{\frac{2}{3}} + y^{\frac{2}{3}} = 1$

第 18 章 関数の極値とラグランジュの未定乗数法

18.2 基本問題

1. 極小値 $f(1,1) = -1$ 2. 極小値 $f(1,1) = 3$ 3. 候補点 $(x,y) = (1,1), (-1,1)(1,-1), (-1,-1)$

最大値 $f(1,1) = f(-1,-1) = 1$ 最小値 $f(1,-1) = f(-1,1) = -1$

4. 最小値 $f(3,0) = 0$ 極大値 $f(5,2) = 4e^{-5}$ 5. 最大値 $f\left(1, \dfrac{1}{2} \right) = \dfrac{1}{2}$ 6. 最小値 $f(1,1) = f(-1,-1) = 2$

7. 最大値 $f\left(\dfrac{6}{\sqrt{13}}, -\dfrac{4}{\sqrt{13}} \right) = 2\sqrt{13}$ 最小値 $f\left(-\dfrac{6}{\sqrt{13}}, \dfrac{4}{\sqrt{13}} \right) = -2\sqrt{13}$

8. $\pm(\sqrt{2}, \sqrt{2})$ のとき最大値 2, $(x,y) = \pm(\sqrt{2}, -\sqrt{2})$ のとき最小値 -2 をとる.

18.3 標準問題

1. (1) 候補点 $(0,-2), (0,2)$ 極大値 $f(0,-2) = 16$ (2) 候補点 $\left(0, -\dfrac{1}{\sqrt{2}} \right), \left(0, \dfrac{1}{\sqrt{2}} \right)$

極小値 $f\left(0, -\dfrac{1}{\sqrt{2}}\right) = -\dfrac{1}{\sqrt{2e}}$　極大値 $f\left(0, \dfrac{1}{\sqrt{2}}\right) = \dfrac{1}{\sqrt{2e}}$　2.　最小値 $f(0,0) = 0$　極大値 $f\left(\dfrac{3}{2}, -\dfrac{3}{2}\right) = \dfrac{9}{2}$

3.　$xy = 3, x - y = \pm\sqrt{3}$ のとき最大値 $12\sqrt{3}$ 最小値 $-12\sqrt{3}$

4. 最大値 $f(1,1) = \dfrac{1}{3}$　最小値 $f(x,0) = f(0,y) = 0,\ (0 \le x, y \le 1)$

18.4　発展問題

1.　(1) 略　(2) $(x,y) = \left(\dfrac{7}{4}\pi, 0\right), \left(\dfrac{7}{4}\pi, 2\pi\right)$ のとき最小値 $-\dfrac{\sqrt{2}}{2}e^{-\frac{7}{4}\pi}$,　$(x,y) = \left(\dfrac{3}{4}\pi, 0\right), \left(\dfrac{3}{4}\pi, 2\pi\right)$ のとき最大

値 $\dfrac{\sqrt{2}}{2}e^{\frac{3}{4}\pi}$ をとる.

2.　最大値 $f\left(\dfrac{1}{\sqrt{e}}, \sqrt{e}\right) = f\left(-\dfrac{1}{\sqrt{e}}, -\sqrt{e}\right) = \dfrac{1}{e}$,　$\displaystyle\lim_{y \to \infty} f(x,y) = 0$　3.　最大値 $f\left(\dfrac{1}{4}, \dfrac{1}{4}\right) = \dfrac{1}{16}e^{-\frac{1}{8}}$

4.　最大値 $f(\sqrt{2}, \sqrt{2}) = f(-\sqrt{2}, -\sqrt{2}) = 2$　最小値 $f(\sqrt{2}, -\sqrt{2}) = f(-\sqrt{2}, \sqrt{2}) = -2$

18.5　補充問題

1.　$x = y = \pm\dfrac{1}{\sqrt{2}}$ のとき最大値 $f\left(\dfrac{1}{\sqrt{2}}, \dfrac{1}{\sqrt{2}}\right) = f\left(-\dfrac{1}{\sqrt{2}}, -\dfrac{1}{\sqrt{2}}\right) = \dfrac{1}{2e}$

$x = -y = \pm\dfrac{1}{\sqrt{2}}$ のとき最小値 $f\left(\mp\dfrac{1}{\sqrt{2}}, \pm\dfrac{1}{\sqrt{2}}\right) = -\dfrac{1}{2e}$

2.　最大値 $f(1,1) = 2$　最小値 $f\left(-\dfrac{1}{2}, 1 + \dfrac{\sqrt{3}}{2}\right) = \dfrac{-5 - 3\sqrt{3}}{2}$

第19章　2重積分と累次積分

19.2　基本問題

1.　(1)　$D = \{(x,y)|\ 1 \le x \le 2,\ 0 \le y \le 1\}$　(2)　$D = \{(x,y)|\ 0 \le y,\ y - 1 \le x \le 1 - y\}$

(3)　$D = \{(x,y)|\ x^2 + y^2 \le 1\}$　(4)　$D = \{(x,y)|\ 1 \le x^2 + y^2 \le 2\}$

2.　$\displaystyle\int_1^2 \left(\int_0^1 f(x,y)dx\right) dy$　3.　$\displaystyle\int_0^1 \left(\int_{x-1}^0 f(x,y)dy\right) dx$

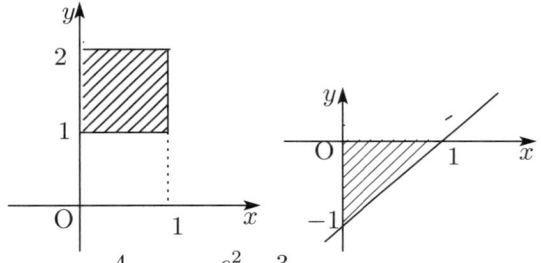

4.　(1)　$-\dfrac{4}{3}$　(2)　$\dfrac{e^2 - 3}{2}$　5.　0

19.3　標準問題

1.　(1) $\displaystyle\int_0^1 \left(\int_{x^2}^x f(x,y)dy\right) dx$　(2) $\displaystyle\int_0^1 \left(\int_0^{y^2} f(x,y)dx\right) dy + \int_1^2 \left(\int_0^{\sqrt{2-y}} f(x,y)dx\right) dy$

(3) $\displaystyle\int_0^1 \left(\int_y^1 f(x,y)dx\right) dy + \int_{-1}^0 \left(\int_{-y}^1 f(x,y)dx\right) dy$

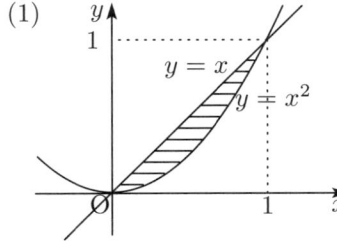
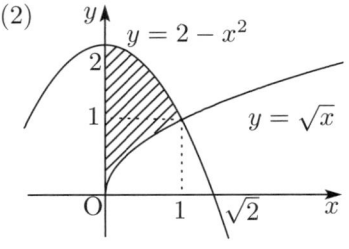
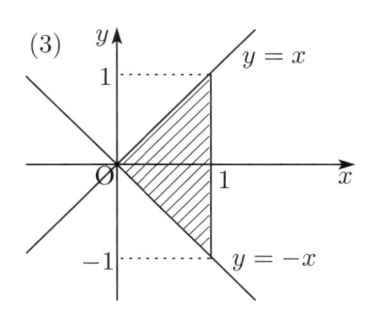

2.　$\dfrac{e^2 - 3}{4}$　3.　$\dfrac{1}{2}\log\dfrac{5}{3} + \dfrac{1}{6}$　4.　$\dfrac{1}{3}$　5.　$\dfrac{\pi}{2}$

19.4　発展問題

1.　$\displaystyle\int_0^1 \left(\int_{-1}^{-\sqrt{1-y^2}} f(x,y)dx\right) dy + \int_0^1 \left(\int_{\sqrt{1-y^2}}^1 f(x,y)dx\right) dy + \int_1^{\sqrt{2}} \left(\int_{-\sqrt{2-y^2}}^{\sqrt{2-y^2}} f(x,y)dx\right) dy$

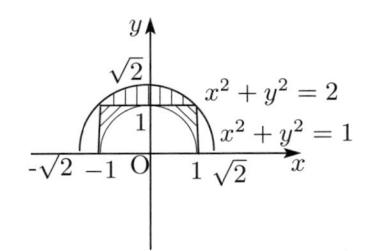

2. (1) $\displaystyle\int_a^b f(x,y)dx = \int_a^b \frac{\partial \frac{\partial F(x,y)}{\partial y}}{\partial x}dx$ を利用 (2) $\dfrac{1}{4}\left(e^{13}+e^5-e^8-e^{10}\right)$ 3. $2(\sqrt{3}-1)$ 4. $\log 2$

19.5　補充問題

1. (1) $D = \{(x,y)|\ 0 \leqq y,\ x \leqq y \leqq \sqrt{4-x^2}\}$

(2) $D = \{(x,y)|\ 0 \leqq y,\ 1 \leqq x^2+y^2 \leqq 4\}$ (3) $D = \{(x,y)|\ 2 \leqq y+x \leqq 4,\ -1 \leqq y-2x \leqq 2\}$

2. 領域 $D = \{(x,y)|\ 0 \leqq x \leqq 2,\ x \leqq y \leqq 2\}$ を用いて $\displaystyle\iint_D f(x,y)dxdy = \int_0^2\left(\int_0^y \sqrt{y^2-x^2}dx\right)dy$ を利用

3. (1) $\displaystyle\int_\alpha^\beta\left(\int_0^\infty f'(x,y)dx\right)dy = \int_0^\infty\left(\int_\alpha^\beta f'(x,y)dy\right)dx$ の両辺を計算

4. (1) $\displaystyle\int_0^r \frac{2x}{e^{x^2}}dx = \int_1^{r^2}\frac{1}{e^t}dt$ を利用 (2) $\displaystyle\iint_{D_r}\frac{4xy}{e^{x^2+y^2}}dxdy = \int_0^r\frac{2x}{e^{x^2}}dx\cdot\int_0^r\frac{2y}{e^{y^2}}dy$ を利用

(3) 面積を比較する (4) はさみうちの原理を利用

第 20 章　2 重積分の計算法

20.2　基本問題

1. $1-e^2$ 2. $-\dfrac{4}{3}$ 3. (1) -1 (2) $2r$ (3) $u+v+1$ (4) $(uv-1)e^{u+v}$ 4. 128π 5. $e-e^{-1}$ 6. 4π

20.3　標準問題

1. -8π 2. $\dfrac{51}{2}\pi$ 3. $\dfrac{1}{2}\pi(e^4-1)$ 4. $\dfrac{1}{60}$ 5. 8 6. e^3

20.4　発展問題

1. (1)

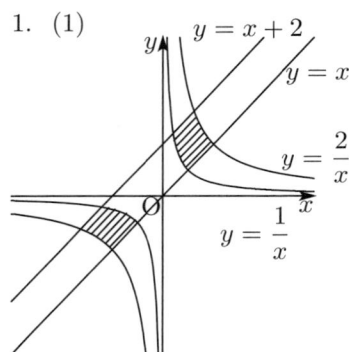

(2) 2 (3) $-2,\ 0$ (4) 変数変換して $\displaystyle\iint_{D_1}(x^2-y^2)dxdy = \iint_{D'_1}(v^2-u^2)dudv$ を示す

2. 1 3. $\dfrac{13}{2}\pi$

第 21 章　2 重積分の応用

21.2　基本問題

1. $\dfrac{64}{3}\pi$ 2. $\dfrac{2}{3}\pi\left(5\sqrt{5}-2\sqrt{2}\right)$ 3. 3π 4. (1) $4\pi e^{-1}$ (2) $-\pi$

21.3　標準問題

1. $\dfrac{5}{3}\pi$ 2. 32π 3. $(7+\sqrt{3})\pi$ 4. ∞

21.4　発展問題

1. $2\sqrt{3}\pi$ 2. $\dfrac{11}{12}\pi$ 3. $D = \{(x,y)|\ x^2+y^2 = a^2\}$ を領域とする体積と表面積を計算   4. 4π

21.5　補充問題

1. $\displaystyle\int_0^\infty e^{-xy}dy = \lim_{k\to\infty}\left[-\frac{1}{x}e^{-xy}\right]_0^k$ を計算   2. 略   3. 略

執筆者

西郷達彦（さいごうたつひこ）　山梨大学医学部医学教育センター・准教授・博士 (理学)

佐藤眞久（さとうまさひさ）　山梨大学・名誉教授・理学博士

宮原大樹（みやはらひろき）　山梨大学工学部基礎教育センター・助教・博士 (理学)

要点付き演習書 微分積分学（ようてんつきえんしゅうしょ びぶんせきぶんがく）
— 自力で解くための実力養成問題集—（じりきでとくための じつりょくようせいもんだいしゅう）

2015 年 3 月 30 日	第 1 版	第 1 刷	発行
2025 年 3 月 30 日	第 1 版	第 4 刷	発行

　　　　著　　者　　西　郷　達　彦
　　　　　　　　　　佐　藤　眞　久
　　　　　　　　　　宮　原　大　樹
　　　　発 行 者　　発　田　和　子
　　　　発 行 所　　株式会社　学術図書出版社

〒 113-0033　東京都文京区本郷 5 丁目 4 の 6
TEL 03-3811-0889　振替 00110-4-28454
印刷　三松堂 (株)

定価は表紙に表示してあります.